핸드메이드로 만드는
나만의 블라우스

HANDIS

추천사

여성으로써 누릴 수 있는 가장 큰 혜택 중 하나는 다양하고 예쁜 옷들을 만날 수 있다는 것입니다. 남성복은 디자인보다 기본 의장 요소에 충실하면서 잘 재단되고 만들어진 옷이 중요하다면, 여성복은 다양한 디테일과 소재, 개성 있는 코디 등으로 스타일을 연출하는 것이 중요한 부분입니다.

최근엔 리넨 소재의 다양한 패션의상이 대중화되면서 많은 사람들이 리넨 소재가 주는 새롭고 독특한 매력에 스며들고 있습니다. 아마도 리넨이 갖고 있는 그 내추럴한 느낌과 감성 덕분에 별도의 장식이 없어도 멋진 의상을 만들 수 있기 때문이 아닐까 생각해봅니다.

리넨은 자체의 드레이퍼리와 표면 질감, 간단한 주름이나 플레어 등의 디자인 요소만으로도 충분히 스타일리시한 표현이 가능합니다. 이 책의 장점은 심플하지만 결코 심플하지 않은 21가지의 예쁜 블라우스를 잘 정리하여 실었다는 것입니다. 또한 리넨의 감성을 충분히 잘 연출할 수 있는 디자인들이 많아서 더욱 매력 있게 느낍니다. 특히 TPO(Time, Place, Occasion)에 맞는 아이템과 그에 맞는 코디네이션이 볼수록 매력적입니다.

당신이 책속에 있는 패턴을 사용할지라도 새로운 작가적 관점에서 다양한 원단을 활용하여 본인 감성으로 완성한다면, 충분히 새로운 디자인이 창조될 수 있습니다. 전문가들은 이러한 새로운 감성을 더해 가미하여 변화된 디자인을 2차 창작물이라고 칭합니다. 패션은 끊임 없는 모방으로 재해석되어 더 멋지고 아름다운 디자인을 만들어냅니다. 때로는 그러한 새로운 해석이 원본보다 더 아름다운 가치를 만들어냄을 우리 주변에서 자주 볼 수 있습니다. 이제 두근거리는 마음을 잠시 진정시키고, 함께 더 멋진 디자인을 창조해 보실까요?

2018년 가을을 기다리며
한국머신소잉협회 협회장 **정용효**

핸드메이드로 만드는
나만의 블라우스

초판 1쇄 인쇄 2018년 09월 28일
초판 1쇄 발행 2018년 10월 08일

발행인	정용효
기획	이슬희, 유윤경
번역	손수현
감수	브라이언
편집	전하리
인쇄	웰컴P&P
신고번호	제2016-000002호
신고일자	2016년 01월 26일
발행처	주)핸디스 소잉스토리
	광주광역시 북구 서암대로 133 (신안동), 3층
대표전화	062-513-8957
팩스	062-522-8827
문의전화	070-8893-9218
홈페이지	소잉스토리 www.sewingstory.com
원단 구입처	심플소잉 www.simplesewing.co.kr
	패션스타트 www.fashionstart.net
ISBN	979-11-88062-17-1 13590
판매가	15,000원

※ 잘못 인쇄된 책은 구입처에서 교환해 드립니다.
※ 소잉스토리는 소잉 D.I.Y 취미실용서를 출간합니다.

이 도서의 국립중앙도서관 출판예정도서목록(CIP)은 서지정보유통지원시스템 홈페이지(http://seoji.nl.go.kr)와 국가자료 공동목록시스템(http://www.nl.go.kr/kolisnet)에서 이용하실 수 있습니다. (CIP제어번호 : CIP2018030329)

STAFF

편집	渡部恵理子　野崎文乃　鈴木慶子
감수	関口恭子
촬영	中島繁樹（人物）
	腰塚良彦（P.32）
편집디자인	紫垣和江
일러스트	榊原由香里
패턴	宮路睦子
편집장	高橋ひとみ
발행인	内藤　朗
발행처	株式会社ブティック社

Lady Boutique Series No.4432 Ima Kitai Tops
Copyright © BOUTIQUE-SHA 2017
All rights reserved.
Original Japanese edition published in Japan by
BOUTIQUE-SHA.
Korean translation rights arranged with BOUTIQUE-SHA
through DAIJO CRAFT CORP.

CONTENTS

이 책에 게재되어있는 작품 사이즈와 실물크기 패턴에 대해

- 본 서적의 채촌 치수는 P.33에 게재하고 있습니다.
- 실물크기 패턴 사이즈는 S, M, L, LL 총 4사이즈입니다. 만드는 방법 페이지의 완성
사이즈를 참고하여 적절한 사이즈의 패턴을 선택하여 사용하세요.
- 본 서적에는 실물크기 패턴 1장(2면)이 포함되어 있으며,
서적에 실린 작품은 실물크기 패턴을 사용하거나 수정하여 제작하였습니다.
- P.80의 "실물크기 패턴 사용방법"을 참고하여 패턴을 다른 종이에 베껴 사용해주세요.

1

no.1

만드는 방법 》 P.36

작품 제작／古屋範子

슬리브리스 블라우스

심플한 형태가 매력적인 슬리브리스 블라우스입니다.
밑단이 플레어로 퍼지는 스타일이라 어떤 하의와도
잘 어울립니다.

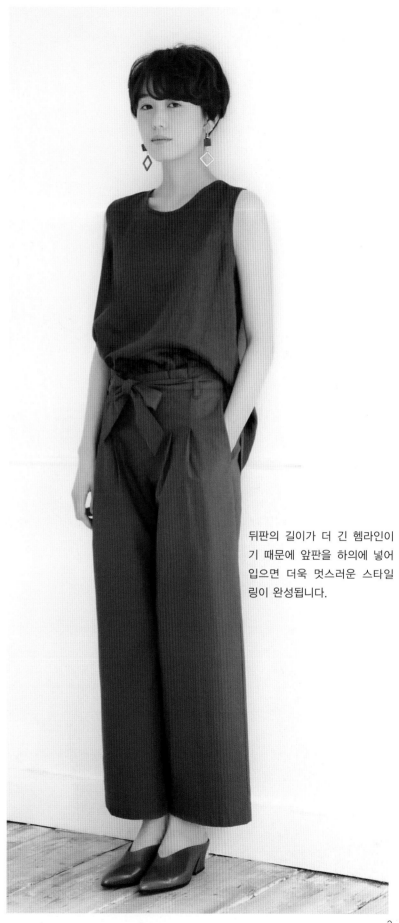

뒤판의 길이가 더 긴 헴라인이
기 때문에 앞판을 하의에 넣어
입으면 더욱 멋스러운 스타일
링이 완성됩니다.

back style

뒤쪽은 슬래시 트임이 있어 입기 편합니다.

no.2

만드는 방법 》 P.55

개더 장식 캐미솔

밑단 주름이 귀여운 리넨 캐미솔입니다.
입었을 때 가는 어깨끈과 V넥라인이 더욱
날씬하게 만들어 줍니다. 비비드한 컬러
의 원단을 사용해 포인트를 주세요.

작품 제작／吉田みか子

뒤판은 깔끔한 실루엣이며, 어깨끈의 길이는
단추로 조절할 수 있습니다.

no.3

만드는 방법 ≫ P.34

레이스 캐미솔

꽃무늬 레이스가 페미닌한 캐미솔입니다.
레이어드를 즐길 수 있는 세련된 디자인
이며, 바이어스테이프로 어깨끈을 만들었
습니다. 다양한 블라우스와 함께 레이어
드하여 코디해보세요.

작품 제작／吉田みか子

5

no.4

만드는 방법 》 P.42

작품 제작／千葉美枝子

개더 장식 블라우스

낙낙한 실루엣이 멋스러운 블라우스입니다.
여러 하의와 코디하기 쉬운 옐로우 색상의
리넨 원단을 사용했으며, 뒤판의 리본끈이
포인트인 아이템입니다.

뒤판에 묶은 리본 디테일이 여성스럽습니다.

back style

오프숄더 블라우스

목둘레가 고무셔링으로 된 오프숄더 블라우스입니다.
목둘레를 어깨까지 내려 입으면 목선이 예쁘게 보이
는 디자인입니다. 소프트한 촉감의 면 론 원단을 사용
했습니다.

no.5

만드는 방법 》 P.44

작품 제작／金丸かほり

목둘레를 내리지 않고 스모크 블라우스로 입으면
몸판이 깔끔한 실루엣이 되고, 볼륨이 있는 하의와
도 코디하기 쉬운 아이템이 됩니다. 손목을 가늘어
보이게 해주는 칠부 소매가 포인트입니다.

no.6

만드는 방법 >> P.40

묶음 장식 블라우스

앞판 밑단을 묶는 디자인이 귀여운 블라우스입니다.
스트라이프 원단을 사용하여 포인트를 주었으며, 길
이가 짧기 때문에 어떤 하의와도 잘 어울립니다.

작품 제작／西村明子

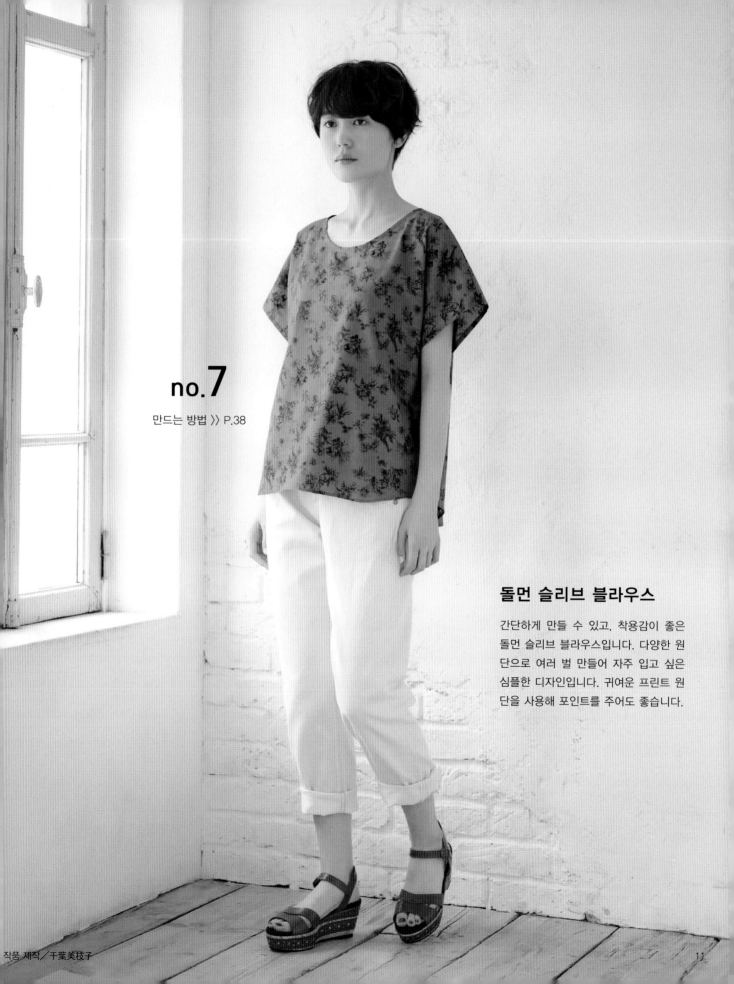

no.7

만드는 방법 》 P.38

돌먼 슬리브 블라우스

간단하게 만들 수 있고, 착용감이 좋은 돌먼 슬리브 블라우스입니다. 다양한 원단으로 여러 벌 만들어 자주 입고 싶은 심플한 디자인입니다. 귀여운 프린트 원단을 사용해 포인트를 주어도 좋습니다.

작품 제작／千葉美枝子

세련되어 보이는 보트넥 라인의
블라우스입니다.

no.8

만드는 방법 >> P.50

zoom up

허리를 향해 비스듬하게 절개 라인
과 턱 디테일이 들어가 있어 더욱
멋스럽습니다.

5부 소매 턱 블라우스

착용감은 낙낙하지만, 실루엣은 콤팩트한 블라우스입니다.
딱 떨어지는 5부 소매가 멋스러운 디자인이며, 내추럴한
분위기가 감도는 차콜 그레이 색상의 리넨 원단을 사용했
습니다.

작품 제작／太田秀美

프렌치 슬리브 블라우스

어깨라인이 가려지는 프렌치 슬리브가 사랑스러운 블
라우스입니다. no.8과 같이 허리를 향해 비스듬하게
절개 라인과 턱 디테일이 들어가 있습니다. 그린 컬러
의 북유럽풍 꽃무늬 원단을 사용해 더욱 사랑스러운
아이템을 만들어 보세요.

no.9

만드는 방법 >> P.48

작품 제작／太田秀美

no. 10

만드는 방법 >> P.71

작품 제작／酒井三菜子

뒤판의 요크 절개 사이로 주름을 넣어
포인트를 주었습니다.

V넥 블라우스

샤프한 스타일의 V넥 블라우스입니다. 언발란스한
길이감으로 더욱 멋스러우며, 뒤판의 주름이 포인
트인 아이템입니다. 드라이 트윌 워셔 원단을 사
용했습니다.

V넥 블라우스

no.10과 같은 디자인의 블라우스입니다. 작은 새와 나뭇잎이 그려진 블루 프린트 원단을 사용해 더욱 사랑스럽습니다. 볼륨이 있는 스커트와 코디하여 세련된 스타일로 완성해 보세요.

no.11

만드는 방법 》 P.71

작품 제작／酒井三茱子

no.12

만드는 방법 >> P.68

보타이 블라우스

no.10의 블라우스에 보타이를 달아 만든
블라우스입니다. 살짝 묶은 리본타이가
더욱 여성스러우며, 시원해 보이는 아이
스 그린 원단을 사용했습니다.

작품 제작／酒井三菜子

no.13

만드는 방법 》 P.52

어깨 트임 프릴 소매 블라우스

트렌디한 어깨 트임 디테일이 매력적인 프릴 소매
블라우스입니다. 시원해 보이는 코튼 레이스 원단
을 사용하여 완성했습니다. 스커트와 코디하면 트
렌디한 스타일이 연출되는 아이템입니다.

작품 제작／古屋範子

no.14

만드는 방법 》 P.56

이중 프릴 장식
슬리브리스 블라우스

고양이 프린트가 귀여운 슬리브리스 블라우스입니다.
2단 프릴이 귀여운 디자인으로, 어떤 하의와도 잘 어
울리는 아이템입니다.

no.15

만드는 방법 》 P.58

작품 제작／金丸かほり

플랫 칼라 블라우스

앞쪽 턱주름이 귀여운 플랫 칼라 블라우스입니다. 네크라인이 넓게 파여 목선을 아름답게 보이도록 만들어 여성스러움을 강조한 디자인입니다. 도트 무늬의 프린트 원단을 사용했습니다.

back style

하의에 넣어 입으면 단정함이 감도는 스타일이 연출됩니다.

뒤판에도 네크라인이 파여 있어 입는 것만으로도 멋스러운 스타일이 완성되는 디자인입니다.

no.16

만드는 방법 >> P.66

리본 장식 캐미솔

앞중심에 리본 끈을 달아 포인트를 준 캐미솔입니다. 시원한 컬러의 원단을 사용했고, 레이어드로 활용하면 귀여운 스타일이 완성됩니다.

작품 제작／千葉美枝子

플레어 캐미솔

밑단으로 갈수록 퍼지는 플레어 실루엣이 귀여운 캐미솔입니다. 별무늬가 그려진 프린트 원단을 사용했고, 앞·뒤패턴이 같아서 간단하게 제작할 수 있는 아이템입니다.

no.17

만드는 방법 》 P.64

작품 제작／千葉美枝子

퍼프 슬리브 블라우스

풍성하게 부푼 소매의 실루엣이 멋스러운 블라우스입니다. 화이트 색상의 코튼 블라우스는 어떤 하의와도 스타일링 하기 쉬운 아이템입니다. 트렌디한 퍼프 슬리브 블라우스 도 핸드메이드로 만들어 연출해 보세요.

no.18

만드는 방법 》 P.61

작품 제작／西村明子

no.18의 블라우스는 커프스를 팔꿈치까지 올려
블라우싱하여 입으면 프릴 소매같은 분위기가
연출됩니다. 소매의 형태에 따라 분위기가 달라
지는 2WAY 디자인입니다.

back style

뒤판은 요크 장식으로 되어 있습니다. 턱이
들어가 있어 뒷모습도 세련되어 보입니다.

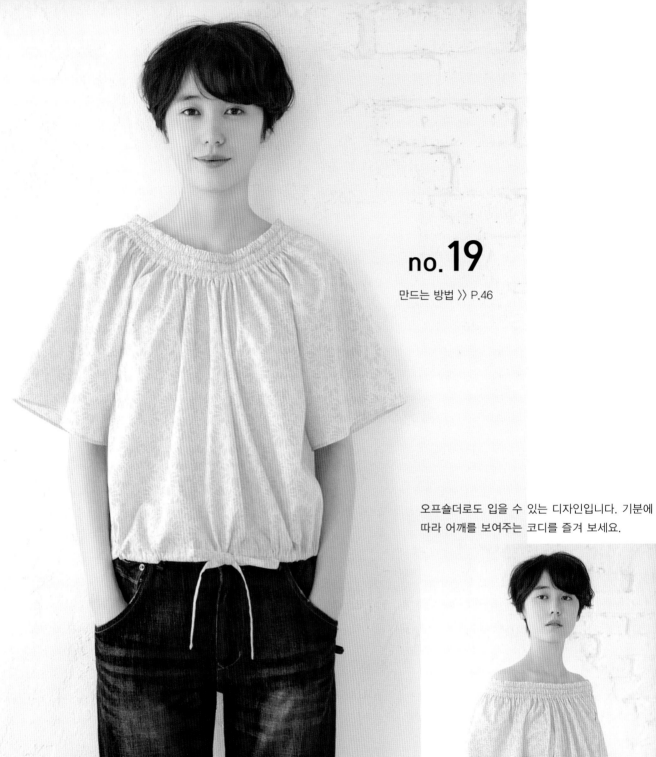

no.19

만드는 방법 >> P.46

오프숄더로도 입을 수 있는 디자인입니다. 기분에 따라 어깨를 보여주는 코디를 즐겨 보세요.

스모킹 블라우스

플레어 소매와 자연스러운 꽃무늬 프린트 원단이 세련된 스모킹 블라우스입니다. 밑단에 끈을 통과시켜 블라우싱하여 입으면 더욱 멋스럽습니다. 길이가 짧기 때문에 볼륨이 있는 하의에도 잘 어울립니다.

작품 제작／金丸かほり

no.20

만드는 방법 》 P.72

프릴 장식 블라우스

페미닌하지만 깔끔하게 입을 수 있는 프릴 장식
블라우스입니다. 수수한 라이트블루의 리넨이
고급스럽습니다. 밑단에도 프릴 장식을 달아 귀
엽게 연출해보세요.

작품 제작／西村明子

no.21

만드는 방법 》 P.77

카디건

카키색의 양면 니트로 만든 카디건입니다.
소매에 탭이 달려있기 때문에 롤업해서 입
을 수 있습니다. 원피스와 매치하면 성숙한
코디가 완성됩니다.

작품 제작／吉田みか子

소매의 탭은 단추로 고정이 가능합니다.

뒤판은 절개 디자인입니다.

캐주얼한 상 · 하의에 살짝
걸쳐도 멋스럽습니다.

no.22

만드는 방법 ≫ P.74

롱 가운

화사한 꽃무늬 프린트 원단으로 만든 롱 가운입니다.
얼굴을 샤프해 보이게 하는 V넥 디자인과 플레어로
된 소매가 포인트이며, 긴 기장으로 스타일리시한 디
자인입니다.

작품 제작／太田秀美

심플한 코디에 살짝 걸쳐 포인트를 줄 수 있습니다.

단추를 잠그면 원피스 느낌으로도 연출할 수 있는
트렌디한 아이템입니다.

바이어스테이프에 대해서

바이어스테이프는 보통 목둘레와 암홀(겨드랑이)둘레를 처리하는데 사용됩니다. 시판되고 있는 것 중에는 니트 바이어스테이프, 코튼 바이어스테이프 2가지 타입의 바이어스테이프가 있습니다. 사용하는 원단 소재에 따라 바이어스테이프를 골라 사용해 주세요. 아래에는 제천으로 바이어스테이프 만드는 방법과 바이어스, 안바이어스 처리하는 방법을 소개하고 있습니다.

①기성 바이어스테이프로 안바이어스테이프 만드는 방법

▶안바이어스로 사용되는 테이프는 시중에 판매되고 있지 않기 때문에 바이어스테이프를 잘라 안바이어스로 만들어 사용하거나, 제천으로 만들어 사용합니다.

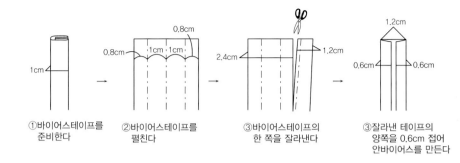

①바이어스테이프를 준비한다

②바이어스테이프를 펼친다

③바이어스테이프의 한 쪽을 잘라낸다

③잘라낸 테이프의 양쪽을 0.6cm 접어 안바이어스를 만든다

②안바이어스 처리 방법
▶여기에서는 몸판 목둘레에 안바이어스 처리하는 방법으로 설명합니다.

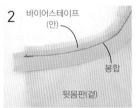

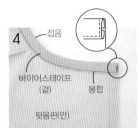

바이어스테이프가 몸판의 겉에서는 보이지 않고 안쪽에만 보이는 것이 완성된 모습입니다.

바이어스테이프를 몸판 목둘레에 맞춰 다림질을 한다.

바이어스테이프의 접음선을 몸판 완성선에 맞춰 겉끼리 맞대어 봉합한다.

바이어스테이프에 맞춰 남는 몸판의 시접을 자른다.

바이어스테이프를 몸판 안쪽으로 넘기고, 몸판 겉에서 상침하여 완성한다.

③제천으로 바이어스테이프(천) 만드는 방법
▶시판되고 있는 바이어스테이프 중, 원하는 색상이 없을 경우에는 제천을 사용해 만들어보세요.

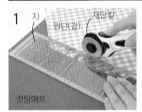
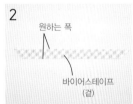
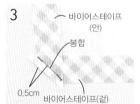
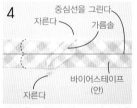
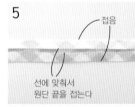

원하는 폭과 깊이로 원단을 바이어스 방향으로 자른다.

자른 모습. (바이어스테이프의 길이가 부족할 때는 여러 장을 이어서 사용한다)

바이어스테이프를 겉끼리 맞대어 봉합한다.

시접을 가름솔하고, 삐져나온 부분을 자른다. 중심에 얇게 선을 그린다.

양 쪽 원단 끝을 선에 맞춰 접는다.

④일반 바이어스 처리 방법
▶여기에서는 암홀(겨드랑이)둘레에 바이어스 처리하는 방법으로 설명합니다.

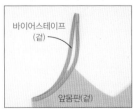

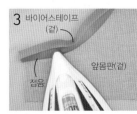
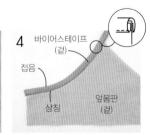

바이어스테이프가 몸판의 겉·안쪽 둘 다 보이는 것이 완성된 모습입니다.

바이어스테이프를 암홀(겨드랑이)둘레에 맞춰 다림질을 한다.

바이어스테이프를 원단 끝에 맞춰 겉끼리 맞대어 봉합한다.

바이어스테이프를 위로 젖혀 다리미로 다린다.

바이어스테이프로 시접을 감싸고 몸판 겉에서 상침하여 완성한다.

사이즈 표(채촌 치수)

(단위:cm)

부위 사이즈	가슴둘레	허리둘레	엉덩이 둘레	등길이	허리길이	소매길이	신장
S사이즈	79	62	84.5	37	17.5	52	153
M사이즈	84	66	90	38	18	53	158
L사이즈	88	69	94.5	39	18.5	54	162
LL사이즈	93	73	100	40	19	55	166

치수 재는 방법

자신의 정확한 사이즈를 확인한 후에
사이즈 선택을 해주세요.
※타인이 재주는 것이 더 정확합니다.

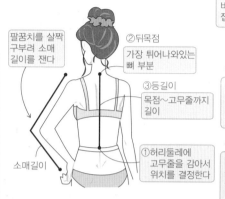
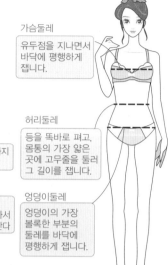

팔꿈치를 살짝 구부려 소매길이를 잰다

②뒤목점
가장 튀어나와있는 뼈 부분

③등길이
목점~고무줄까지 길이

소매길이

①허리둘레에 고무줄을 감아서 위치를 결정한다

가슴둘레
유두점을 지나면서 바닥에 평행하게 잡습니다.

허리둘레
등을 똑바로 펴고, 몸통의 가장 얇은 곳에 고무줄을 둘러 그 길이를 잽니다.

엉덩이둘레
엉덩이의 가장 볼록한 부분의 둘레를 바닥에 평행하게 잡습니다.

제도 기호

▬▬▬	완성선(굵은 지시선)	◄───►	식서방향(화살표 방향으로 원단의 식서를 맞춘다)
────	안내선(가는 지시선)	┌	직각표시
─ ─ ─	안단선	⌒⌒⌒	등분선(같은 치수를 나타낸다)
─ ·· ─	골선으로 재단하는 선	╱	심지 표시
─ ─ ─	접음선	○	단추
		주름 접는 표시를 나타낸다 (사선의 높은 쪽부터 낮은 쪽을 향해 원단을 접는다)	

완성치수

이 책에 게재되어 있는 작품의 완성 사이즈는 아래 그림의 측정방법을 따라 표기하였습니다.

어깨선이 있는 디자인
(뒤)

가슴둘레

옷길이

래글런
(뒤)

가슴둘레

옷길이

캐미솔
(뒤)

가슴둘레

옷길이

원단의 올방향

①식서

셀비지(원단의 양 끝의 풀리지 않는 부분)를 말하며, 식서방향은 셀비지에 평행한 방향 올을 말한다

②푸서

원단의 가로 올 방향으로 식서와 직각된 방향을 말한다

③바이어스

원단의 식서에 대하여 비스듬한 45도 방향. 가장 늘어나는 성질이 있고, 목둘레나 암홀(겨드랑이)둘레 등의 바이어스 처리에 많이 사용됩니다

접착심(소잉심지) 붙이는 위치

접착심은 옷의 변형방지나 겉감의 보강을 위해 사용합니다.

①원단 안쪽에 접착심(소잉심지)을 겹친다

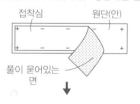

접착심   원단(안)

풀이 묻어있는 면

↓

원단 끝에 접착심이 삐져 나오지 않도록 한다

사이에 먼지가 들어가지 않도록 겹친다

②다리미에 풀이 묻지 않도록 얇은 종이를 올려놓고 주의하며 다리미로 눌러 부착한다

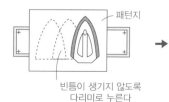

패턴지

빈틈이 생기지 않도록 다리미로 누른다

③열이 식을때까지 움직이지 않는다

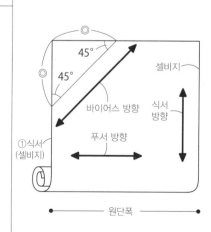

45°
45°

셀비지

바이어스 방향

식서 방향

푸서 방향

①식서
(셀비지)

원단폭

no.3 (P.05)

재료 겉감(레이스) ······ 115cm폭 x 90cm(S) / 90cm(M) / 100cm(L) / 100cm(LL)

바이어스테이프A (어깨끈) ······ 1cm(완성폭) x 90cm(S) / 90cm(M) / 100cm(L) / 100cm(LL)

바이어스테이프B (암홀 둘레) ······ 1cm(완성폭) x 70cm(S) / 80cm(M) / 80cm(L) / 80cm(LL)

단추 ······ 1cm폭 2개

패턴에 대해서 ◆ 실물크기 패턴 : A면 3번 패턴을 사용합니다.

◆ 사용 패턴 : 앞 · 뒤몸판, 앞 · 뒤안단

* 실물크기 패턴에서 몸판과 안단은 각각 베껴 사용합니다.

* 바이어스테이프A(어깨끈)는 기재된 치수에 따라 잘라서 사용합니다.

어깨끈
(바이어스테이프A)

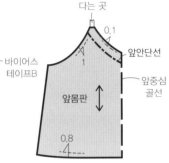

완성 사이즈   단위: cm

사이즈	S	M	L	LL
옷길이	33.4	34.5	35.3	36.2
가슴둘레	84.4	90	94.4	98.8

재단배치도

원단(겉)

골선

90cm
90cm
100cm
100cm

뒤안단

앞안단

115cm폭

∨∨∨ = 지그재그봉제 또는 오버록 처리한다

사이즈 표시
S 사이즈
M 사이즈
L 사이즈
LL 사이즈
1개만 작성된 숫자는 공통

⬭ = 실물크기 패턴

패턴

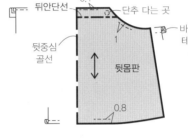

어깨끈
다는 곳

앞안단선

앞중심
골선

만드는 방법

※봉합의 시작과 끝은 되돌아박기를 합니다

1 어깨끈을 만들어 몸판에 단다

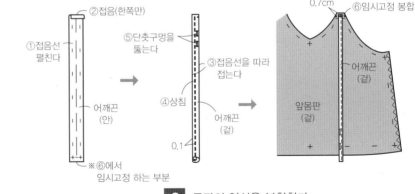

2 몸판의 옆선을 봉합한다

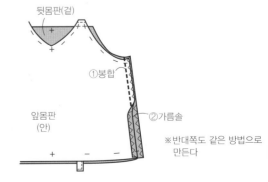

만드는 순서

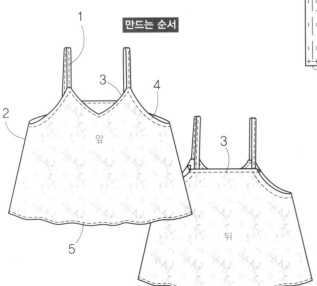

3 몸판에 안단을 단다

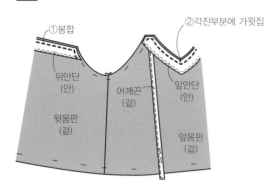

①봉합
②각진부분에 가윗집
뒤안단 (안)
뒷몸판 (겉)
어깨끈 (겉)
앞안단 (안)
앞몸판 (겉)

4 암홀(겨드랑이)둘레를 안바이어스 처리한다

①안바이어스를 만든다(P.32/1 참고)
②바이어스테이프의 접음선을 몸판 완성선에 맞춰 겉끼리 맞댄다

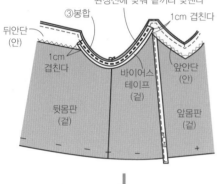

③봉합
1cm 겹친다
뒤안단 (안)
1cm 겹친다
바이어스 테이프 (겉)
앞안단 (안)
뒷몸판 (겉)
앞몸판 (겉)

④바이어스테이프에 맞춰 남는 몸판의 시접을 자른다

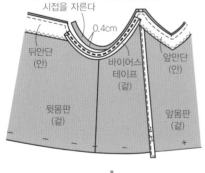

0.4cm
뒤안단 (안)
바이어스 테이프 (겉)
앞안단 (안)
뒷몸판 (겉)
앞몸판 (겉)

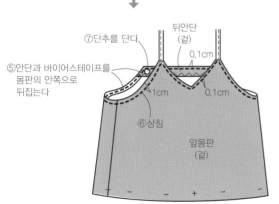

⑦단추를 단다.
⑤안단과 바이어스테이프를 몸판의 안쪽으로 뒤집는다
뒤안단 (겉)
0.1cm
1cm
0.1cm
⑥상침
앞몸판 (겉)

* 암홀(겨드랑이)둘레는 1cm 간격으로 상침하고, 앞·뒤목둘레는 0.1cm 간격으로 상침한다.

5 몸판의 밑단을 정리한다

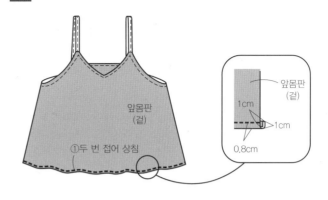

앞몸판 (겉)
①두 번 접어 상침
앞몸판 (겉)
1cm
1cm
0.8cm

---

no.2 만드는 방법

※봉합의 시작과 끝은 되돌아박기를 합니다
※no.2의 재단배치도는 P.55에 있습니다

1 어깨끈을 만들어 몸판에 단다 (P.34/1 참고)

2 몸판의 옆선을 봉합한다(P.34/2 참고)

3 몸판에 안단을 단다(P.35/3 참고)

4 암홀(겨드랑이)둘레를 안바이어스 처리한다(P.35/4 참고)

5 프릴을 만든다

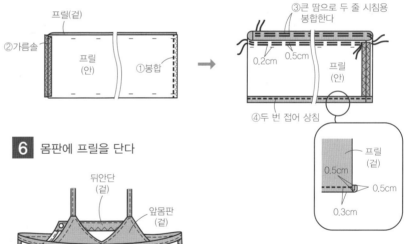

프릴(겉)
②가름솔
프릴 (안)
①봉합
③큰 땀으로 두 줄 시침용 봉합한다
0.2cm
0.5cm
프릴 (안)
④두 번 접어 상침
프릴 (겉)
0.5cm
0.5cm
0.3cm

6 몸판에 프릴을 단다

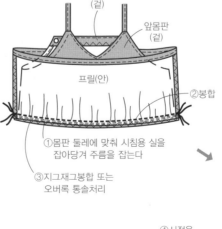

뒤안단 (겉)
앞몸판 (겉)
프릴(안)
②봉합
①몸판 둘레에 맞춰 시침용 실을 잡아당겨 주름을 잡는다
③지그재그봉합 또는 오버록 통솔처리
앞몸판 (겉)
0.5cm
⑤상침
④시접을 몸판쪽으로 넘긴다
프릴 (겉)

재료 겉감(리넨) ······ 110cm폭 x 150cm(S) / 160cm(M) / 160cm(L) / 170cm(LL)

접착심(소잉심지) ······ 112cm폭 x 20cm

단추 ······ 1cm폭 1개

사이즈 표시
S 사이즈
M 사이즈
L 사이즈
LL 사이즈
1개만 작성된 숫자는 공통

패턴에 대해서 ◆ 실물크기 패턴 : A면 1번 패턴을 사용합니다.

◆ 사용 패턴 : 앞·뒤몸판, 뒤안단

※ 실물크기 패턴에서 몸판과 안단은 각각 베껴 사용합니다.

※ 목둘레천, 암홀(겨드랑이)둘레천. 천고리는 기재된 치수로 직접 제도하여 사용합니다.

완성 사이즈

단위: cm

사이즈	S	M	L	LL
옷길이	65.8	68	69.6	71.4
가슴둘레	92	98	102.8	107.6

※천고리 폭 = 0.5cm

= 실물크기 패턴

재단배치도

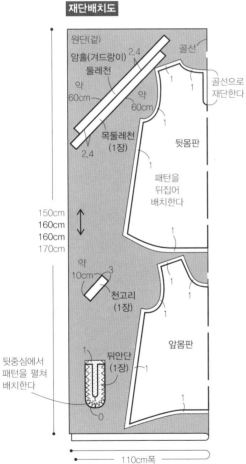

※목둘레천, 암홀(겨드랑이)둘레천은 길게
준비하고, 각 사이즈의 달 치수에 맞춰서
여분을 자른다.

▨ = 접착심(소잉심지) 붙이는 위치

∨∨∨ = 지그재그봉제 또는 오버록 처리한다

패턴

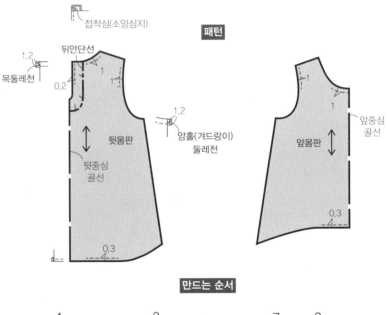

만드는 순서

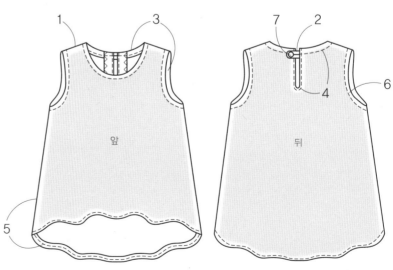

만드는 방법

※봉합의 시작과 끝은 되돌아박기를 합니다

1 몸판의 어깨를 봉합한다

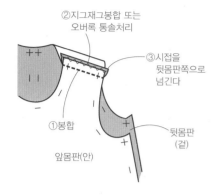

②지그재그봉합 또는 오버록 통솔처리

③시접을 뒷몸판쪽으로 넘긴다

①봉합

앞몸판(안)

뒷몸판(겉)

2 천고리를 만들어 몸판에 단다

①천고리를 만든다(P.39/2 참고)

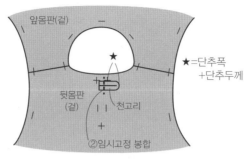

앞몸판(겉)

뒷몸판(겉)

천고리

★=단추폭 +단추두께

②임시고정 봉합

3 목둘레천, 암홀(겨드랑이)둘레천을 만든다

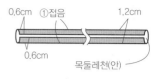

0.6cm ①접음 1.2cm

0.6cm

목둘레천(안)

※암홀(겨드랑이)둘레천도 같은 방법으로 만든다

4 몸판에 뒤안단과 목둘레천을 단다

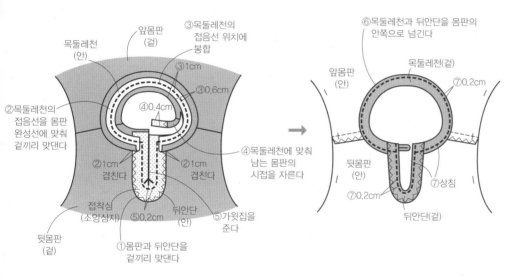

목둘레천(안)

앞몸판(겉)

③목둘레천의 접음선 위치에 봉합

③1cm

③0.6cm

④0.4cm

②목둘레천의 접음선을 몸판 완성선에 맞춰 겉끼리 맞댄다

②1cm 겹친다

②1cm 겹친다

④목둘레천에 맞춰 남는 몸판의 시접을 자른다

뒷몸판(겉)

접착심(소잉심지)

⑤0.2cm

뒤안단(안)

①몸판과 뒤안단을 겉끼리 맞댄다

⑤가윗집을 준다

⑥목둘레천과 뒤안단을 몸판의 안쪽으로 넘긴다

앞몸판(안)

목둘레천(겉)

⑦0.2cm

뒷몸판(안)

⑦0.2cm

⑦상침

뒤안단(겉)

5 몸판의 옆선을 봉합하고 밑단을 정리한다

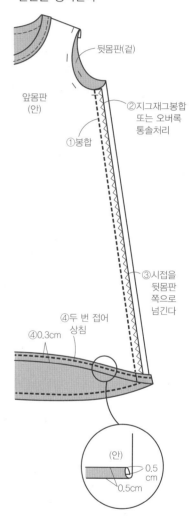

뒷몸판(겉)

앞몸판(안)

①봉합

②지그재그봉합 또는 오버록 통솔처리

③시접을 뒷몸판쪽으로 넘긴다

④두 번 접어 상침

④0.3cm

(안)

0.5cm

0.5cm

6 몸판에 암홀(겨드랑이)둘레천을 단다

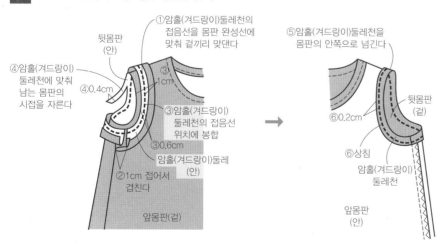

뒷몸판(안)

①암홀(겨드랑이)둘레천의 접음선을 몸판 완성선에 맞춰 겉끼리 맞댄다

④암홀(겨드랑이)둘레천에 맞춰 남는 몸판의 시접을 자른다

④0.4cm

③1cm

③암홀(겨드랑이)둘레천의 접음선 위치에 봉합

③0.6cm

암홀(겨드랑이)둘레(안)

②1cm 접어서 겹친다

앞몸판(겉)

⑤암홀(겨드랑이)둘레천을 몸판의 안쪽으로 넘긴다

뒷몸판(겉)

⑥0.2cm

⑥상침

암홀(겨드랑이)둘레천

앞몸판(안)

7 뒷몸판에 단추를 달아 완성한다

0.5cm

1cm

뒷몸판(겉)

재료 겉감(프렌치 거즈) ······ 106cm폭 x 160cm(S) / 160cm(M) / 170cm(L) / 170cm(LL)

접착심(소잉심지) ······ 112cm폭 x 20cm

단추 ······ 1cm폭 1개

패턴에 대해서 ◆실물크기 패턴 : A면 7번 패턴을 사용합니다.

◆사용 패턴 : 앞·뒤몸판, 뒤안단

＊실물크기 패턴에서 몸판과 안단은 각각 베껴 사용합니다.

＊목둘레천, 천고리는 기재된 치수로 직접 제도하여 사용합니다.

┌──────────────┐
│ **사이즈 표시** │
│ S 사이즈 │
│ M 사이즈 │
│ L 사이즈 │
│ LL 사이즈 │
│ 1개만 작성된 숫자는 공통 │
└──────────────┘

완성 사이즈　　　　　　단위: cm

사이즈	S	M	L	LL
옷길이	63.4	65.5	67.1	68.8
가슴둘레	97.6	104	109.2	114.4

⬭ = 실물크기 패턴

※천고리 폭 = 0.5cm

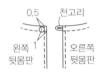

0.5　천고리

왼쪽 1　오른쪽
뒷몸판　뒷몸판

패턴

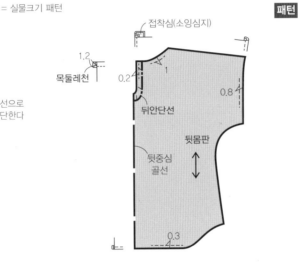

접착심(소잉심지)

1.2

목둘레천　0.2

1

뒤안단선

0.8

뒷몸판

뒷중심
골선

0.3
4

0.8　1

앞몸판

앞중심
골선

0.3
4

재단배치도

원단(겉)

1　1

2

골선으로
재단한다

뒷몸판

패턴을
뒤집어
배치한다

약
10cm　3

천고리
(1장)

약
40cm　2.4

목둘레천
(1장)

목둘레천
(1장으로
연결하여
사용한다)

골선

1

160cm
160cm
170cm
170cm

뒷중심에서
패턴을 펼쳐
배치한다

1

2

1

앞몸판

1

1

뒤안단
(1장)

0

1

106cm폭

※목둘레천은 길게 준비하고, 각 사이즈의
달 치수에 맞춰서 여분을 자른다.

▨ = 접착심(소잉심지) 붙이는 위치

〰 = 지그재그봉제 또는 오버록 처리한다

만드는 순서

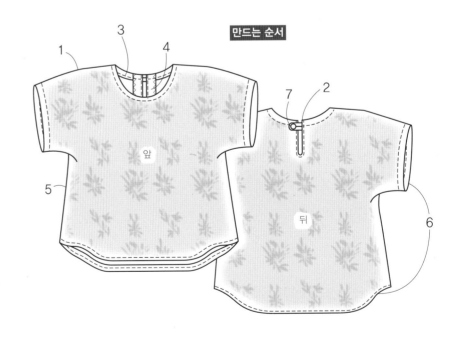

3

1

4

앞

5

7　2

뒤

6

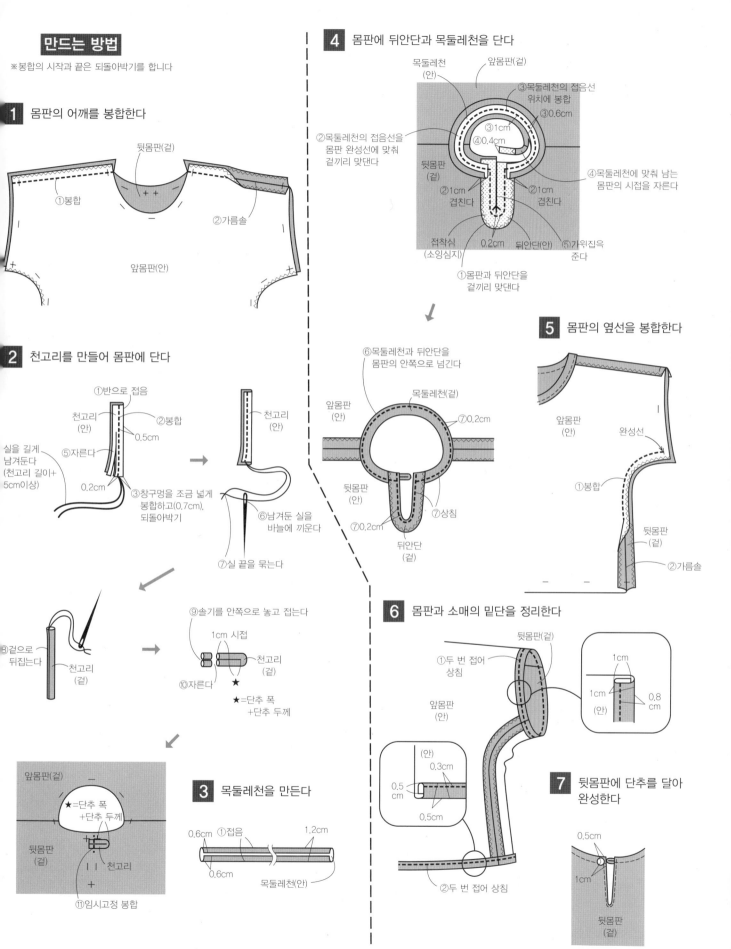

만드는 방법

※봉합의 시작과 끝은 되돌아박기를 합니다

1 몸판의 어깨를 봉합한다

뒷몸판(겉)
①봉합
②가름솔
앞몸판(안)

2 천고리를 만들어 몸판에 단다

①반으로 접음
②봉합
천고리(안)
0.5cm
⑤자른다
0.2cm
실을 길게 남겨둔다
(천고리 길이+5cm이상)
③창구멍을 조금 넓게 봉합하고(0.7cm), 되돌아박기
천고리(안)
⑥남겨둔 실을 바늘에 끼운다
⑦실 끝을 묶는다

③겉으로 뒤집는다
천고리(겉)

⑨솔기를 안쪽으로 놓고 접는다
1cm 시접
천고리(겉)
⑩자른다
★
★=단추 폭+단추 두께

앞몸판(겉)
★=단추 폭+단추 두께
천고리
뒷몸판(겉)
⑪임시고정 봉합

3 목둘레천을 만든다

0.6cm ①접음 1.2cm
0.6cm
목둘레천(안)

4 몸판에 뒤안단과 목둘레천을 단다

목둘레천(안)
앞몸판(겉)
③목둘레천의 접음선 위치에 봉합
②목둘레천의 접음선을 몸판 완성선에 맞춰 겉끼리 맞댄다
③1cm
④0.4cm
③0.6cm
뒷몸판(겉)
④목둘레천에 맞춰 남는 몸판의 시접을 자른다
②1cm 겹친다
②1cm 겹친다
접착심(소잉심지)
0.2cm
뒤안단(안)
⑤가위집을 준다
①몸판과 뒤안단을 겉끼리 맞댄다

⑥목둘레천과 뒤안단을 몸판의 안쪽으로 넘긴다
앞몸판(안)
목둘레천(겉)
⑦0.2cm
뒷몸판(안)
⑦0.2cm
뒤안단(겉)
⑦상침

5 몸판의 옆선을 봉합한다

앞몸판(안)
완성선
①봉합
뒷몸판(겉)
②가름솔

6 몸판과 소매의 밑단을 정리한다

뒷몸판(겉)
①두 번 접어 상침
앞몸판(안)
1cm
1cm
0.8cm
(안)
(안)
0.3cm
0.5cm
0.5cm
②두 번 접어 상침

7 뒷몸판에 단추를 달아 완성한다

0.5cm
1cm
뒷몸판(겉)

no.6 (P.10)

재료 겉감(코튼 텐셀 론) ······ 110cm폭 x 160cm(S) / 160cm(M) / 170cm(L) / 170cm(LL)
바이어스테이프 ······ 1cm(완성폭) x 70cm(S) / 70cm(M) / 80cm(L) / 80cm(LL)

패턴에 대해서 ◆실물크기 패턴 : B면 20번 패턴을 수정하여 사용합니다.

◆사용 패턴 : 앞 · 뒤몸판

◆패턴 수정하는 방법

＊B면 20번 패턴에서 앞몸판의 앞중심을 길게 늘리고, 옆선에 맞춰 선을 연결하여 수정합니다.

사이즈 표시
S 사이즈
M 사이즈
L 사이즈
LL 사이즈
1개만 작성된 숫자는 공통

완성 사이즈

단위: cm

사이즈	S	M	L	LL
옷길이	57.1	59	60.4	62
가슴둘레	106.8	114	119.6	125.2

 = 실물크기 패턴

재단배치도

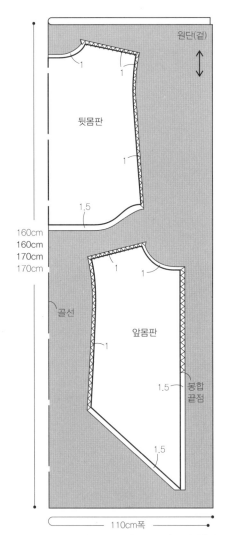

160cm
160cm
170cm
170cm

110cm폭

∿∿ = 지그재그봉제 또는 오버록 처리한다

패턴 수정하는 방법

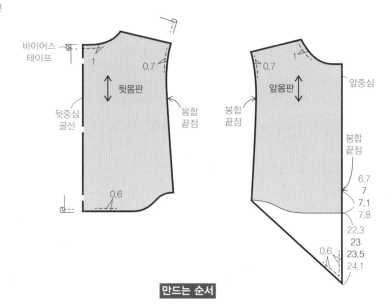

만드는 순서

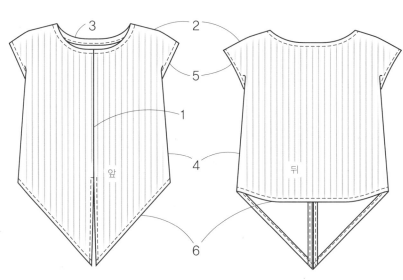

만드는 방법

※봉합의 시작과 끝은 되돌아박기를 합니다

1 앞몸판의 앞중심을 봉합한다

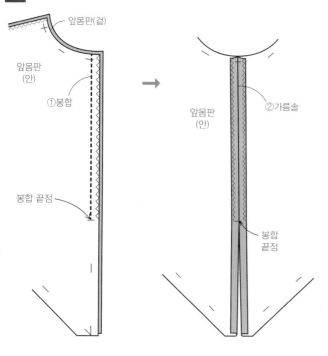

- 앞몸판(겉)
- 앞몸판(안)
- ①봉합
- 봉합 끝점
- 앞몸판(안)
- ②가름솔
- 봉합 끝점

2 몸판의 어깨를 봉합한다

- 뒷몸판(겉)
- ②가름솔
- ①봉합
- 앞몸판(안)

3 목둘레를 안바이어스 처리한다

①안바이어스를 만든다(P.32/1 참고)

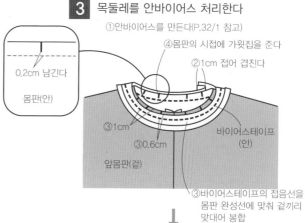

- 0.2cm 남긴다
- 몸판(안)
- ④몸판의 시접에 가윗집을 준다
- ②1cm 접어 겹친다
- ③1cm
- ③0.6cm
- 바이어스테이프(안)
- 앞몸판(겉)
- ③바이어스테이프의 접음선을 몸판 완성선에 맞춰 겉끼리 맞대어 봉합
- ⑤바이어스테이프를 몸판의 안쪽으로 넘긴다
- 1cm
- 뒷몸판(겉)
- ⑥상침
- 0.2cm
- 바이어스테이프(겉)
- 앞몸판(안)

4 몸판의 옆선을 봉합한다

- 봉합 끝점
- ①봉합
- 뒷몸판(안)
- 완성선
- 앞몸판(겉)

5 암홀(겨드랑이)둘레를 정리한다

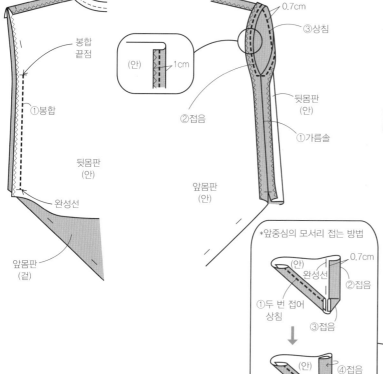

- 0.7cm
- ③상침
- (안) 1cm
- ②접음
- 뒷몸판(안)
- ①가름솔
- 앞몸판(안)

*앞중심의 모서리 접는 방법

- (안)
- 0.7cm
- 완성선
- ②접음
- ①두 번 접어 상침
- ③접음
- (안)
- ④접음
- 0.8cm

6 몸판의 밑단을 정리한다

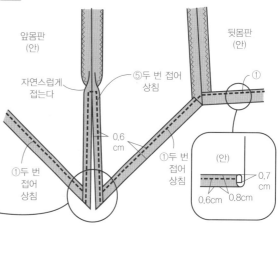

- 앞몸판(안)
- 뒷몸판(안)
- 자연스럽게 접는다
- ⑤두 번 접어 상침
- ①
- ①두 번 접어 상침
- 0.6cm
- ①두 번 접어 상침
- (안)
- 0.7cm
- 0.6cm 0.8cm

no.4 (P.06)

재료 겉감(리넨) ······ 110cm폭 x 150cm(S) / 150cm(M) / 160cm(L) / 160cm(LL)

접착심(소잉심지) ······ 112cm폭 x 20cm

패턴에 대해서
◆ 실물크기 패턴 : A면 7번 패턴을 수정하여 사용합니다.
◆ 사용 패턴 : 앞·뒤몸판, 뒤안단
* 실물크기 패턴에서 몸판과 안단은 각각 베껴 사용합니다.
* 프릴, 리본, 목둘레천은 기재된 치수로 직접 제도하여 사용합니다.
◆ 패턴 수정하는 방법
* A면 7번 패턴에서 몸판의 길이를 짧게 수정합니다.

완성 사이즈

단위: cm

사이즈	S	M	L	LL
옷길이	56.4	58	59.4	60.8
가슴둘레	97.6	104	109.2	114.4

리본

37.5 / 40 / 42 / 44

패턴 수정하는 방법

재단배치도

＝ 실물크기 패턴

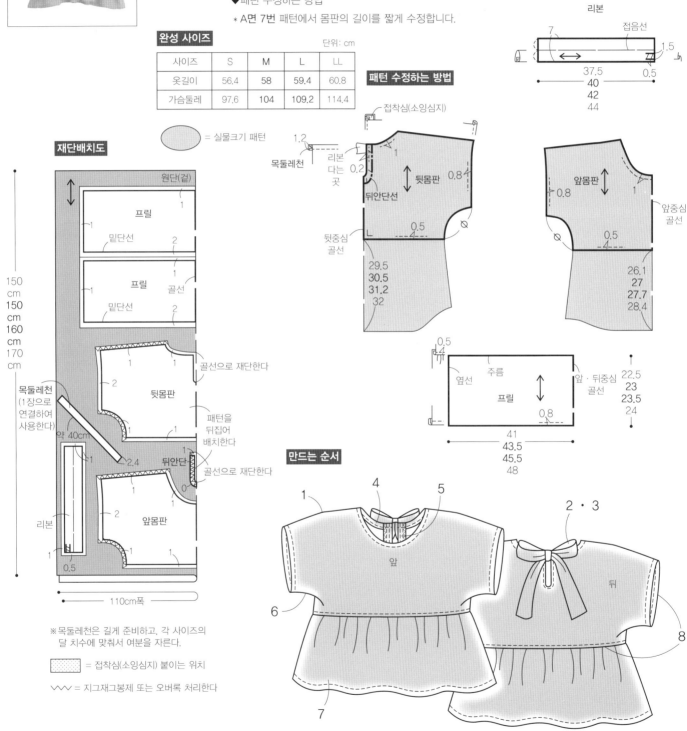

만드는 순서

150cm / 150cm / 160cm / 170cm

110cm폭

※ 목둘레천은 길게 준비하고, 각 사이즈의
달 치수에 맞춰서 여분을 자른다.

▨ ＝ 접착심(소잉심지) 붙이는 위치

∧∧∧ ＝ 지그재그봉제 또는 오버록 처리한다

만드는 방법

※봉합의 시작과 끝은 되돌아박기를 합니다

1 몸판의 어깨를 봉합한다(P.39/1 참고)

2 리본을 만든다

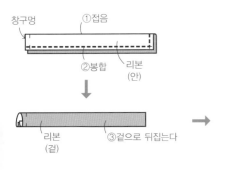

창구멍
①접음
②봉합
리본(안)

리본(겉)
③겉으로 뒤집는다

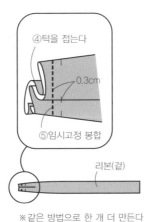

④턱을 접는다
0.3cm
⑤임시고정 봉합
리본(겉)

※같은 방법으로 한 개 더 만든다

3 몸판에 리본을 임시고정 봉합한다

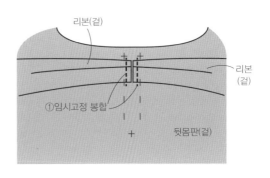

리본(겉)
리본(겉)
①임시고정 봉합
뒷몸판(겉)

4 목둘레천을 만든다

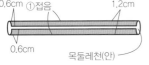

0.6cm
①접음
1.2cm
0.6cm
목둘레천(안)

5 몸판에 뒤안단과 목둘레천을 단다(P.39/4 참고)

6 몸판의 옆선을 봉합한다(P.39/5 참고)

7 프릴을 만든다

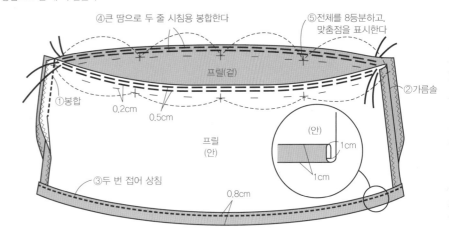

④큰 땀으로 두 줄 시침용 봉합한다
⑤전체를 8등분하고, 맞춤점을 표시한다
프릴(겉)
①봉합
0.2cm
0.5cm
②가름솔
프릴(안)
(안)
1cm
1cm
③두 번 접어 상침
0.8cm

※몸판의 밑단도 전체를 8등분하고, 맞춤점을 표시한다

8 몸판과 프릴을 봉합하고, 암홀(겨드랑이)둘레를 정리한다

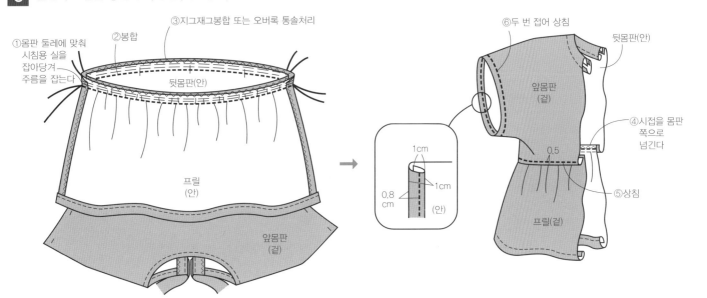

①몸판 둘레에 맞춰 시침용 실을 잡아당겨 주름을 잡는다
②봉합
③지그재그봉합 또는 오버록 통솔처리
뒷몸판(안)
프릴(안)
앞몸판(겉)

⑥두 번 접어 상침
뒷몸판(안)
앞몸판(겉)
1cm
1cm
0.8cm
(안)
0.5
④시접을 몸판 쪽으로 넘긴다
⑤상침
프릴(겉)

재료 겉감(80수 론) ······ 106cm폭 x 230cm(S) / 240cm(M) / 260cm(L) / 270cm(LL)

고무줄 ······ 1cm폭 x 280cm(S) / 300cm(M) / 310cm(L) / 330cm(LL)

사이즈 표시
S 사이즈
M사이즈
L사이즈
LL 사이즈
1개만 작성된 숫자는 공통

패턴에 대해서
◆ 실물크기 패턴 : A면 5번 패턴을 사용합니다.
◆ 사용 패턴 : 앞 · 뒤몸판, 앞 · 뒤안단, 소매, 소매 안단
* 실물크기 패턴에서 몸판과 안단, 소매와 소매 안단은 각각 베껴 사용합니다.

◯ = 실물크기 패턴

완성 사이즈   단위: cm

사이즈	S	M	L	LL
옷길이	45.1	46.5	47.7	48.9
가슴둘레	112.8	120	126	132

※목둘레 고무줄 길이
(시접분 1cm 포함)
상단 = 71.5 / 76 / 80 / 83.5
중간단 = 74 / 79 / 83 / 87
하단 = 77 / 82 / 86 / 90

재단배치도

패턴

만드는 방법
※봉합의 시작과 끝은 되돌아박기를 합니다

1 몸판의 옆선을 봉합하고, 밑단을 정리한다

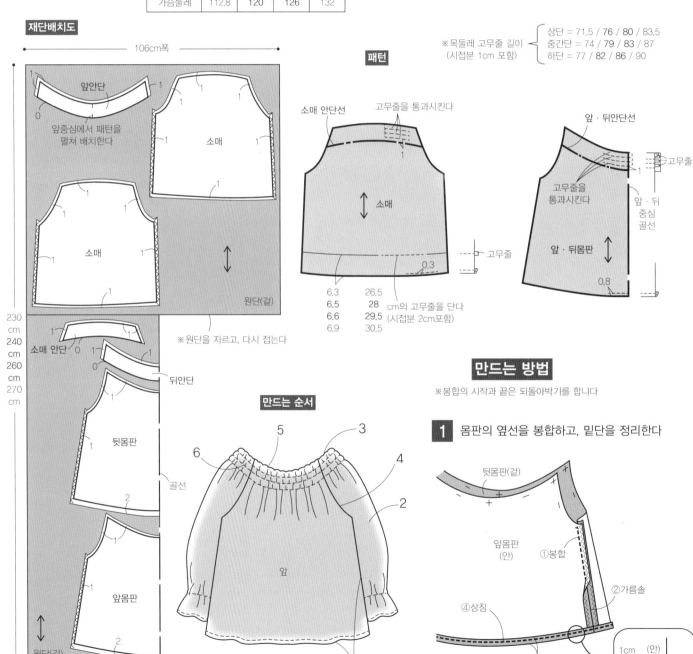

상단 6.3 / 중간 26.5
6.5 / 28
6.6 / 29.5 cm의 고무줄을 단다
6.9 / 30.5 (시접분 2cm포함)

소매 안단선
고무줄을 통과시킨다
소매
고무줄
0.3

앞 · 뒤안단선
고무줄
고무줄을 통과시킨다
앞 · 뒤 중심 골선
앞 · 뒤몸판
0.8

106cm폭
앞안단
앞중심에서 패턴을
펼쳐 배치한다
소매
소매
소매
원단(겉)
※원단을 자르고, 다시 접는다

230cm 240cm 260cm 270cm
소매 안단
뒤안단
골선
뒷몸판
앞몸판
원단(겉)
106cm폭

만드는 순서
5 3
6 4
2
앞
1

뒷몸판(겉)
앞몸판(안)
①봉합
②가름솔
④상침
③두 번 접는다
1cm (안)
1cm
0.8cm

‿‿‿ = 지그재그봉제 또는 오버록 처리한다

2 소매를 만든다

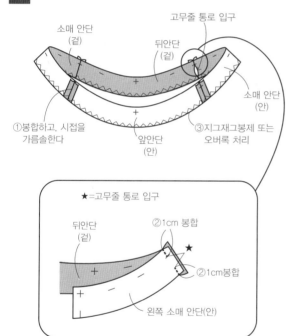

소매
(안)

②고무줄을
늘려가면서
봉합

고무줄

①소매의 고무줄을 다는 곳에
고무줄을 4등분하여
시침핀으로 고정한다

소매
(안)

③봉합

④가름솔

⑥상침

⑤두 번 접는다

(안)
0.5cm
0.5cm
0.3cm

---

5 몸판과 소매에 안단을 단다

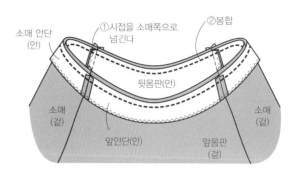

소매 안단
(안)

①시접을 소매쪽으로
넘긴다

②봉합

뒷몸판(안)

소매
(겉)

소매
(겉)

앞안단(안)

앞몸판
(겉)

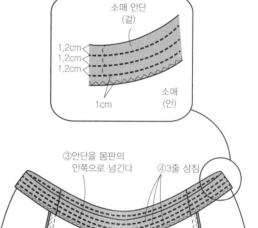

소매 안단
(겉)

1.2cm
1.2cm
1.2cm

1cm

소매
(안)

③안단을 몸판의
안쪽으로 넘긴다

④3줄 상침

소매
(안)

소매
(안)

앞몸판
(안)

앞안단
(겉)

---

3 안단을 만든다

소매 안단
(겉)

고무줄 통로 입구

뒤안단
(겉)

①봉합하고, 시접을
가름솔한다

앞안단
(안)

소매 안단
(안)

③지그재그봉제 또는
오버록 처리

★=고무줄 통로 입구

뒤안단
(겉)

②1cm 봉합

★

②1cm봉합

왼쪽 소매 안단(안)

---

4 몸판에 소매를 단다

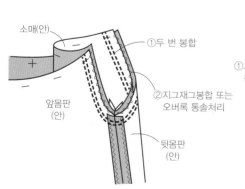

소매(안)

①두 번 봉합

②지그재그봉합 또는
오버록 통솔처리

앞몸판
(안)

뒷몸판
(안)

※반대쪽도 같은 방법으로 만든다

---

6 고무줄 통로 입구를 통해 고무줄을 통과시킨다

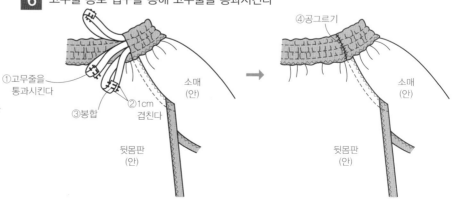

①고무줄을
통과시킨다

③봉합

②1cm
겹친다

소매
(안)

뒷몸판
(안)

④공그르기

소매
(안)

뒷몸판
(안)

재료 겉감(60수 론) …… 108cm폭 x 210cm(S) / 220cm(M) / 230cm(L) / 240cm(LL)
고무줄 …… 1cm폭 x 230cm(S) / 240cm(M) / 250cm(L) / 270cm(LL)

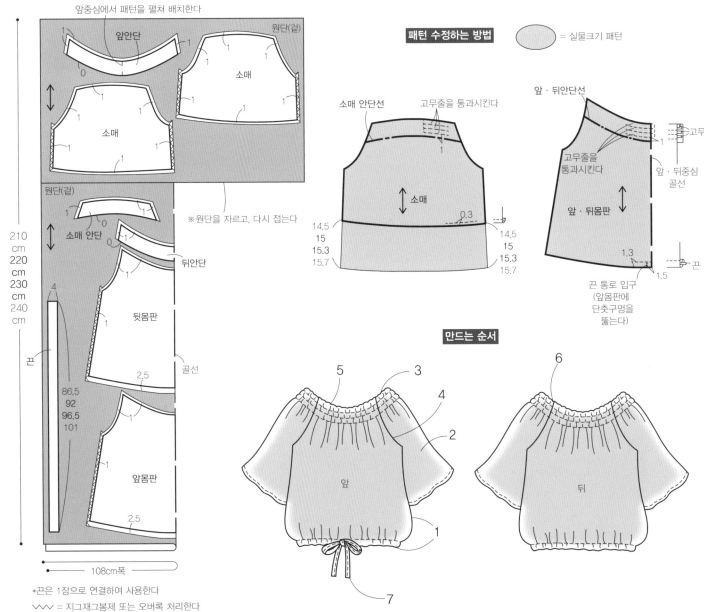

사이즈 표시
S 사이즈
M 사이즈
L 사이즈
LL 사이즈
1개만 작성된 숫자는 공통

패턴에 대해서
◆실물크기 패턴 : A면 5번 패턴을 수정하여 사용합니다.
◆사용 패턴 : 앞·뒤몸판, 앞·뒤안단, 소매, 소매 안단
* 실물크기 패턴에서 몸판과 안단, 소매와 소매 안단은 각각 베껴 사용합니다.
* 끈은 기재된 치수로 직접 제도하여 사용합니다.
◆패턴 수정하는 방법
* A면 5번 패턴에서 소매의 길이를 짧게 수정합니다.

완성 사이즈

단위: cm

사이즈	S	M	L	LL
옷길이	45.1	46.5	47.7	48.9
가슴둘레	112.8	120	126	132

※끈 폭 = 1cm

※목둘레 고무줄 길이
(시접분 1cm포함)
상단 = 71.5 / 76 / 80 / 83.5
중간단 = 74 / 79 / 83 / 87
하단 = 77 / 82 / 86 / 90

재단배치도

108cm폭

앞중심에서 패턴을 펼쳐 배치한다

원단(겉)

앞안단
소매
소매

원단(겉)

소매 안단
※원단을 자르고, 다시 접는다

뒤안단
뒷몸판
골선
앞몸판

210 cm
220 cm
230 cm
240 cm

끈

86.5
92
96.5
101

2.5
2.5

108cm폭

*끈은 1장으로 연결하여 사용한다
〰 = 지그재그봉제 또는 오버록 처리한다

패턴 수정하는 방법
= 실물크기 패턴

소매 안단선
고무줄을 통과시킨다
소매
14.5
15
15.3
15.7
14.5
15
15.3
15.7
0.3

앞·뒤안단선
고무줄
고무줄을 통과시킨다
앞·뒤몸판
앞·뒤중심
골선
1.3
1.5
끈
끈 통로 입구
(앞몸판에
단춧구멍을
뚫는다)

만드는 순서

5 3 4 2
앞
1
7

6
뒤

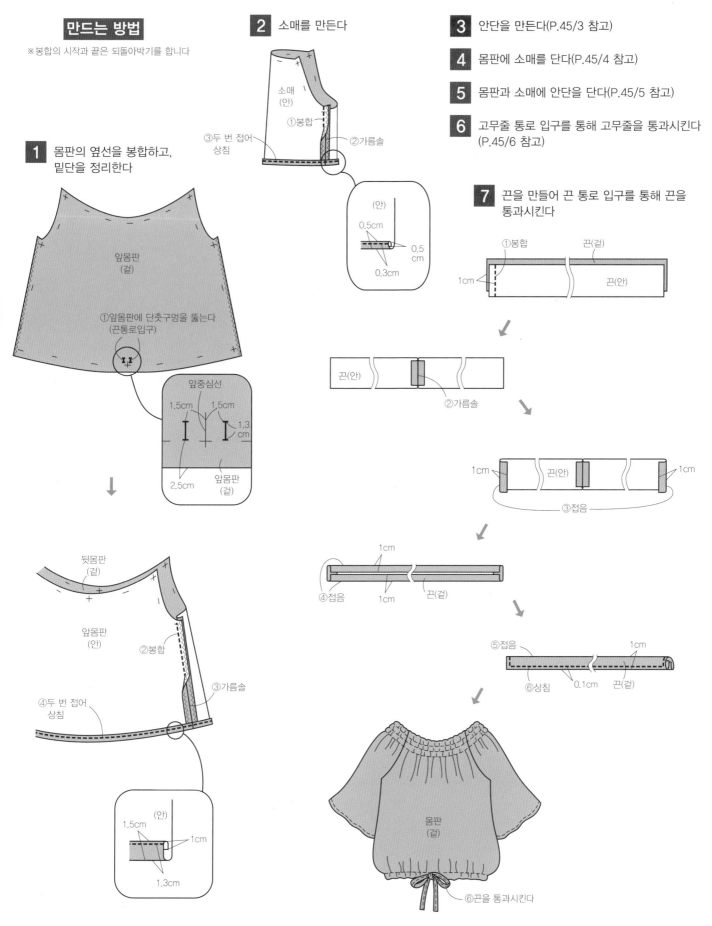

만드는 방법

※봉합의 시작과 끝은 되돌아박기를 합니다

1 몸판의 옆선을 봉합하고, 밑단을 정리한다

앞몸판
(겉)

①앞몸판에 단춧구멍을 뚫는다
(끈통로입구)

앞중심선

1.5cm   1.5cm
1.3cm
2.5cm   앞몸판
(겉)

뒷몸판
(겉)

앞몸판
(안)

②봉합

③가름솔

④두 번 접어
상침

(안)
1.5cm   1cm
1.3cm

2 소매를 만든다

소매
(안)

①봉합

③두 번 접어
상침

②가름솔

(안)
0.5cm
0.5
cm
0.3cm

3 안단을 만든다(P.45/3 참고)

4 몸판에 소매를 단다(P.45/4 참고)

5 몸판과 소매에 안단을 단다(P.45/5 참고)

6 고무줄 통로 입구를 통해 고무줄을 통과시킨다
(P.45/6 참고)

7 끈을 만들어 끈 통로 입구를 통해 끈을
통과시킨다

①봉합   끈(겉)
1cm   끈(안)

끈(안)
②가름솔

1cm   끈(안)   1cm
③접음

1cm
④접음   1cm   끈(겉)

⑤접음   1cm
⑥상침   0.1cm   끈(겉)

몸판
(겉)

⑥끈을 통과시킨다

재료 겉감(코튼 리넨 시팅) ······ 108cm폭 x 140cm(S) / 140cm(M) / 140cm(L) / 150cm(LL)

패턴에 대해서 ◆실물크기 패턴 : B면 9번 패턴을 사용합니다.

◆사용 패턴 : 앞·뒤몸판

* 목둘레천은 기재된 치수로 직접 제도하여 사용합니다.

완성 사이즈

단위 : cm

사이즈	S	M	L	LL
옷길이	59.2	61	62.4	63.8
가슴둘레	105.2	112	117.6	123.2

⬭ = 실물크기 패턴

패턴

재단배치도

만드는 순서

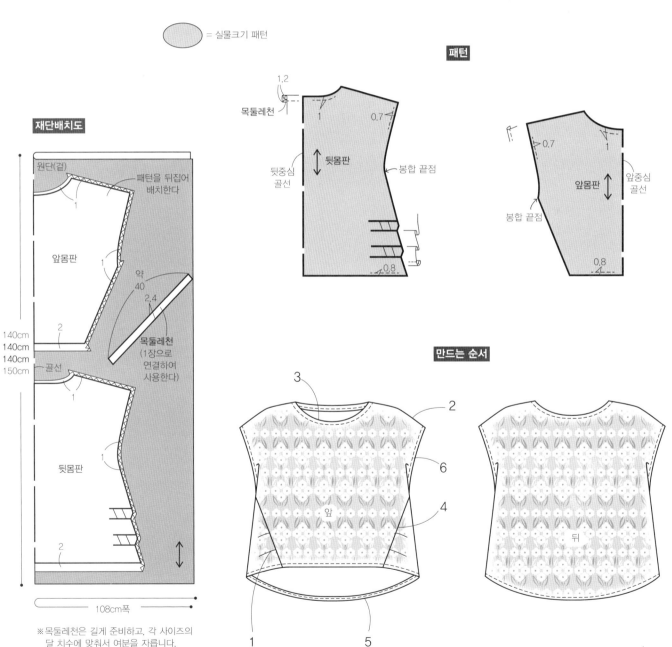

※목둘레천은 길게 준비하고, 각 사이즈의
달 치수에 맞춰서 여분을 자릅니다.

〰 = 지그재그봉제 또는 오버록 처리한다

만드는 방법

※봉합의 시작과 끝은 되돌아박기를 합니다

1 뒷몸판의 턱을 봉합한다

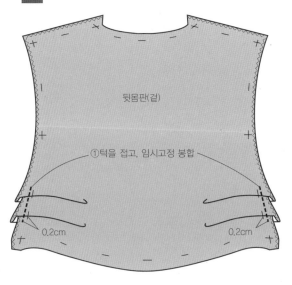

뒷몸판(겉)

①턱을 접고, 임시고정 봉합

0.2cm   0.2cm

2 몸판의 어깨를 봉합한다

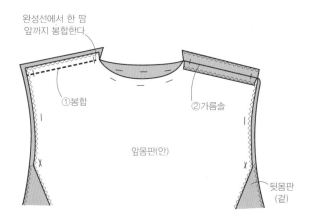

완성선에서 한 땀 앞까지 봉합한다

①봉합   ②가름솔

앞몸판(안)

뒷몸판
(겉)

3 몸판에 목둘레천을 단다

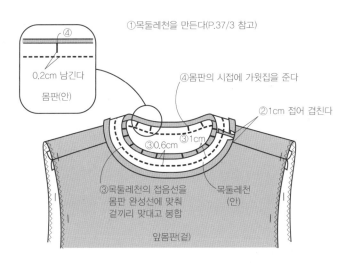

①목둘레천을 만든다(P.37/3 참고)

④

0.2cm 남긴다

몸판(안)

④몸판의 시접에 가윗집을 준다

②1cm 접어 겹친다

③1cm

③0.6cm

③목둘레천의 접음선을
몸판 완성선에 맞춰
겉끼리 맞대고 봉합

목둘레천
(안)

앞몸판(겉)

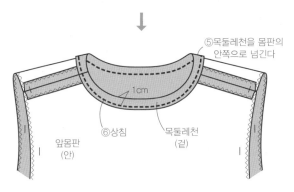

⑤목둘레천을 몸판의
안쪽으로 넘긴다

1cm

⑥상침   목둘레천
(겉)

앞몸판
(안)

4 몸판의 절개선을 봉합한다

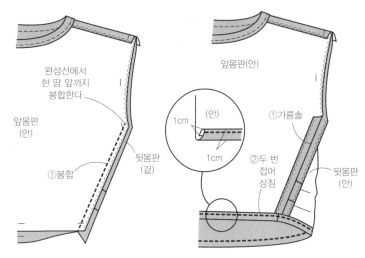

완성선에서
한 땀 앞까지
봉합한다

앞몸판
(안)

①봉합

뒷몸판
(겉)

5 몸판의 밑단을 정리한다

앞몸판(안)

1cm   (안)

1cm

①가름솔

②두 번
접어
상침

뒷몸판
(안)

6 암홀(겨드랑이)둘레를 정리한다

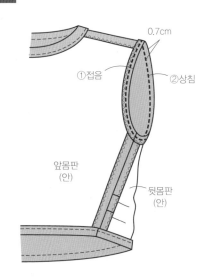

0.7cm

①접음   ②상침

앞몸판
(안)

뒷몸판
(안)

no.8 (P.12)

재료 ····· 겉감(리넨) ····· 110cm폭 x 220cm(S) / 230cm(M) / 240cm(L) / 240cm(LL)
접착심(소잉심지) ····· 112cm폭 x 20cm

사이즈 표시
S 사이즈
M 사이즈
L 사이즈
L L 사이즈
1개만 작성된 숫자는 공통

패턴에 대해서

◆실물크기 패턴 : B면 8번 패턴을 사용합니다.

◆사용 패턴 : 앞·뒤몸판. 소매, 소매 안단

* 실물크기 패턴에서 소매와 소매 안단은 각각 베껴 사용합니다.

* 목둘레천은 기재된 치수로 직접 제도하여 사용합니다.

완성 사이즈

단위 : cm

사이즈	S	M	L	LL
옷길이	59.2	61	62.4	63.8
가슴둘레	105.2	112	117.6	123.2

재단배치도

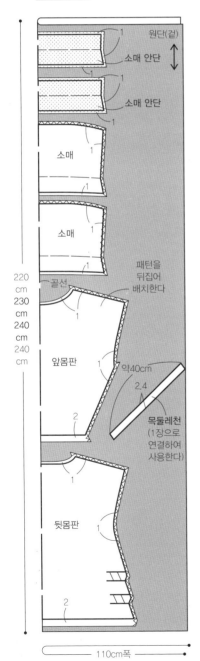

220 cm
230 cm
240 cm
240 cm

110cm폭

※목둘레천은 길게 준비하고, 각 사이즈의
달 치수에 맞춰서 여분을 자른다.

▨ = 접착심(소잉심지) 붙이는 위치

〰 = 지그재그봉제 또는 오버록 처리한다

패턴

⬭ = 실물크기 패턴

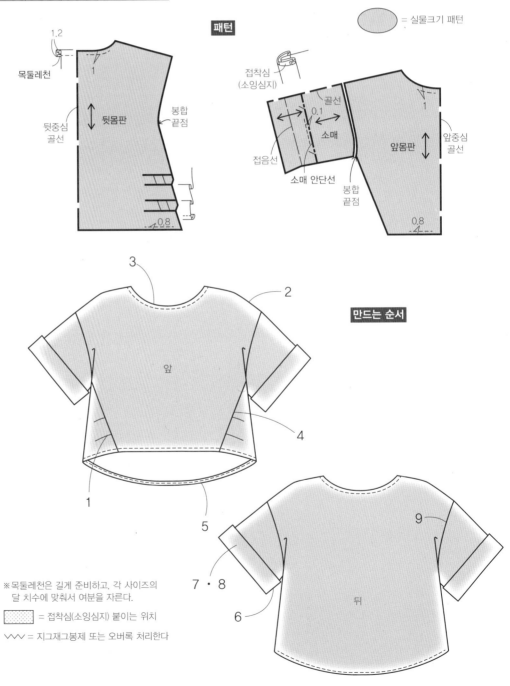

만드는 순서

50

만드는 방법

※봉합의 시작과 끝은 되돌아박기를 합니다

1 뒷몸판의 턱을 봉합한다(P.49/1 참고)

2 몸판의 어깨를 봉합한다(P.49/2 참고)

3 몸판에 목둘레천을 단다(P.49/3 참고)

4 몸판의 절개선을 봉합한다(P.49/4 참고)

5 몸판의 밑단을 정리한다(P.49/5 참고)

6 소매 옆선을 봉합한다

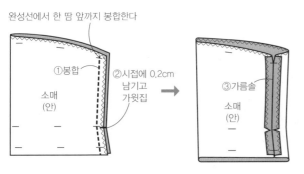

완성선에서 한 땀 앞까지 봉합한다

①봉합

②시접에 0.2cm 남기고 가윗집

소매 (안)

③가름솔

소매 (안)

7 소매 안단을 만든다

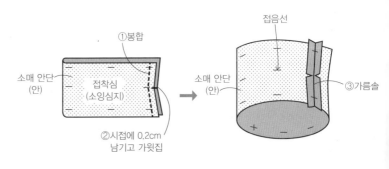

①봉합

소매 안단 (안)

접착심 (소잉심지)

②시접에 0.2cm 남기고 가윗집

접음선

소매 안단 (안)

③가름솔

8 소매에 소매 안단을 단다

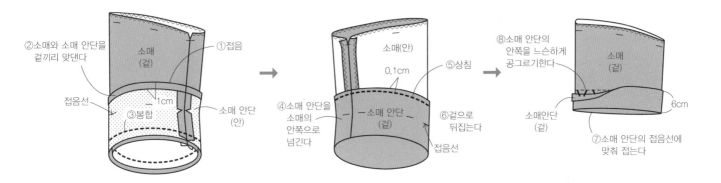

②소매와 소매 안단을 겉끼리 맞댄다

소매 (겉)

①접음

접음선

1cm

③봉합

소매 안단 (안)

④소매 안단을 소매의 안쪽으로 넘긴다

소매(안)

0.1cm

⑤상침

⑥겉으로 뒤집는다

접음선

⑧소매 안단의 안쪽을 느슨하게 공그르기한다

소매 (겉)

소매안단 (겉)

6cm

⑦소매 안단의 접음선에 맞춰 접는다

소매 안단 (겉)

9 몸판에 소매를 단다

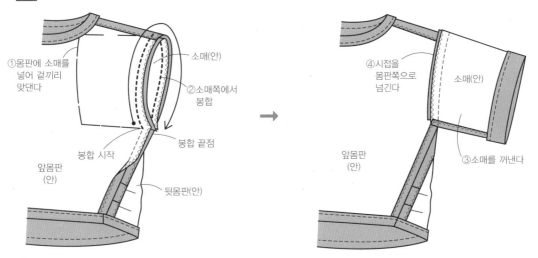

①몸판에 소매를 넣어 겉끼리 맞댄다

소매(안)

②소매쪽에서 봉합

봉합 끝점

봉합 시작

앞몸판 (안)

뒷몸판(안)

④시접을 몸판쪽으로 넘긴다

소매(안)

③소매를 꺼낸다

앞몸판 (안)

no.13 (P.18)

재료
겉감(코튼 레이스) …… 100cm폭 × 190cm(S) / 200cm(M) / 210cm(L) / 220cm(LL)
접착심(소잉심지) …… 112cm폭 × 20cm
바이어스테이프 …… 1cm(완성폭) × 110cm(S) / 110cm(M) / 110cm(L) / 130cm(LL)
고무줄 …… 1cm폭 × 40cm(S) / 40cm(M) / 50cm(L) / 50cm(LL)
단추 …… 1cm폭 1개

패턴에 대해서
◆실물크기 패턴 : A면 13번 패턴을 사용합니다.
◆사용 패턴 : 앞·뒤몸판, 뒤안단, 소매
＊실물크기 패턴에서 몸판과 안단은 각각 베껴 사용합니다.
＊천고리는 기재된 치수로 직접 제도하여 사용합니다.

사이즈 표시
S 사이즈
M사이즈
L 사이즈
LL 사이즈
1개만 작성된 숫자는 공통

※천고리 폭 = 0.5cm

0.5 천고리
왼쪽 뒷몸판   오른쪽 뒷몸판

완성 사이즈
단위 : cm

사이즈	S	M	L	LL
옷길이	65.8	68	69.6	71.4
가슴둘레	92	98	102.8	107.6

재단배치도

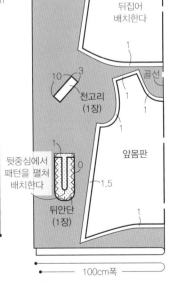

접착심(소잉심지)
바이어스테이프
뒤안단선
바이어스테이프
0.2
소매다는 끝점
★
뒷몸판
뒷중심 골선
0.3

= 실물크기 패턴

패턴

소매다는 끝점
☆
앞중심 골선
앞몸판
0.3

19.5 / 20 / 21.5 / 22 cm의 고무줄을 통과시킨다 (시접분 2cm 포함)

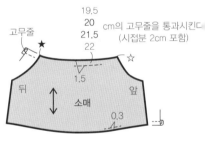

고무줄
★
1.5
뒤   소매   앞
0.3   ☆

만드는 순서

▨ = 접착심(소잉심지) 붙이는 위치
〰 = 지그재그봉제 또는 오버록 처리한다

만드는 방법

※봉합의 시작과 끝은 되돌아박기를 합니다

1 몸판의 어깨를 봉합한다

②지그재그봉합 또는
오버록 통솔처리한다

③시접을
뒷몸판쪽으로
넘긴다

①봉합

뒷몸판
(겉)

앞몸판(안)

2 천고리를 만들어 몸판에 단다

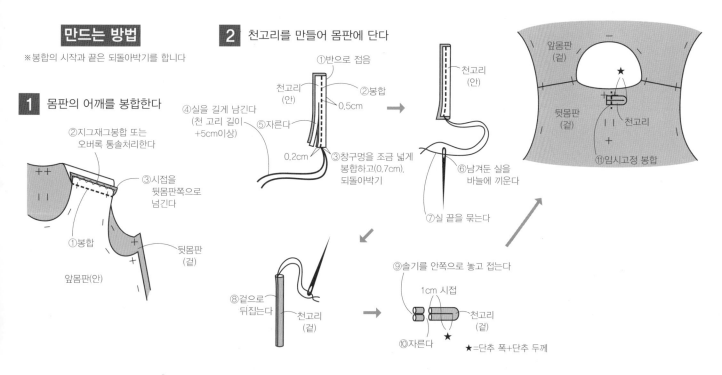

①반으로 접음

천고리
(안)

②봉합

0.5cm

④실을 길게 남긴다
(천 고리 길이
+5cm이상)

⑤자른다

0.2cm

③창구멍을 조금 넓게
봉합하고(0.7cm),
되돌아박기

천고리
(안)

⑥남겨둔 실을
바늘에 끼운다

⑦실 끝을 묶는다

앞몸판
(겉)

★

뒷몸판
(겉)

천고리

⑪임시고정 봉합

⑧겉으로
뒤집는다

천고리
(겉)

⑨솔기를 안쪽으로 놓고 접는다

1cm 시접

천고리
(겉)

⑩자른다

★=단추 폭+단추 두께

3 몸판의 목둘레를 안바이어스 처리한다

①안바이어스를 만든다(P.32/1 참고)

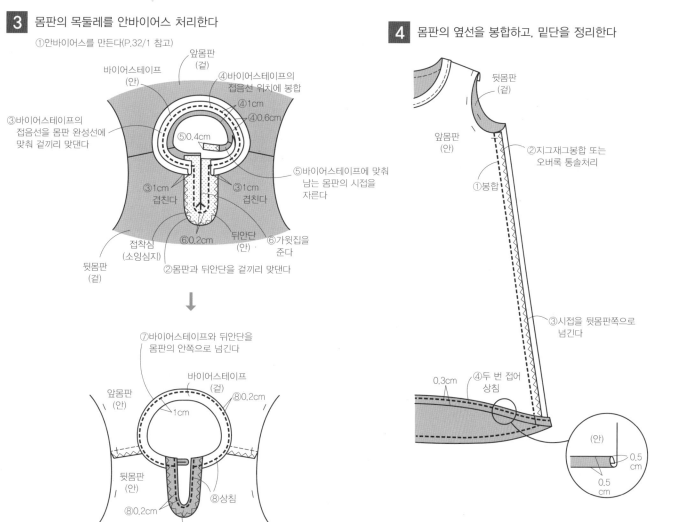

앞몸판
(겉)

바이어스테이프
(안)

④바이어스테이프의
접음선 위치에 봉합

④1cm

④0.6cm

③바이어스테이프의
접음선을 몸판 완성선에
맞춰 겉끼리 맞댄다

⑤0.4cm

⑤바이어스테이프에 맞춰
남는 몸판의 시접을
자른다

③1cm
겹친다

③1cm
겹친다

뒤안단
(안)

⑥가윗집을
준다

접착심
(소잉심지)

⑥0.2cm

②몸판과 뒤안단을 겉끼리 맞댄다

뒷몸판
(겉)

⑦바이어스테이프와 뒤안단을
몸판의 안쪽으로 넘긴다

앞몸판
(안)

바이어스테이프
(겉)

⑧0.2cm

1cm

뒷몸판
(안)

⑧상침

⑧0.2cm

뒤안단
(겉)

4 몸판의 옆선을 봉합하고, 밑단을 정리한다

뒷몸판
(겉)

앞몸판
(안)

②지그재그봉합 또는
오버록 통솔처리

①봉합

③시접을 뒷몸판쪽으로
넘긴다

0.3cm

④두 번 접어
상침

(안)

0.5
cm

0.5
cm

5 소매를 만든다

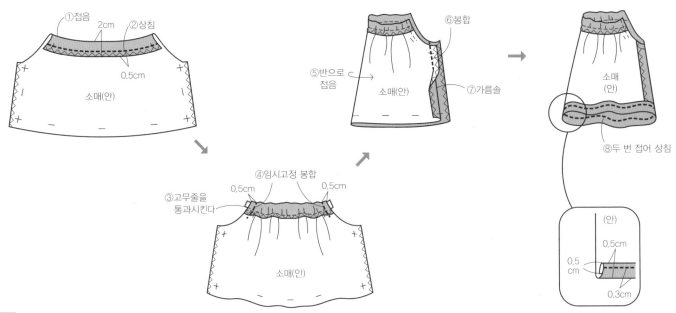

①접음
2cm
②상침
0.5cm
소매(안)

⑥봉합
⑤반으로 접음
소매(안)
⑦가름솔

소매(안)
⑧두 번 접어 상침

(안)
0.5cm
0.5 cm
0.3cm

④임시고정 봉합
0.5cm
0.5cm
③고무줄을 통과시킨다
소매(안)

6 몸판에 소매를 단다

②안바이어스를 만든다(P.32/1 참고)

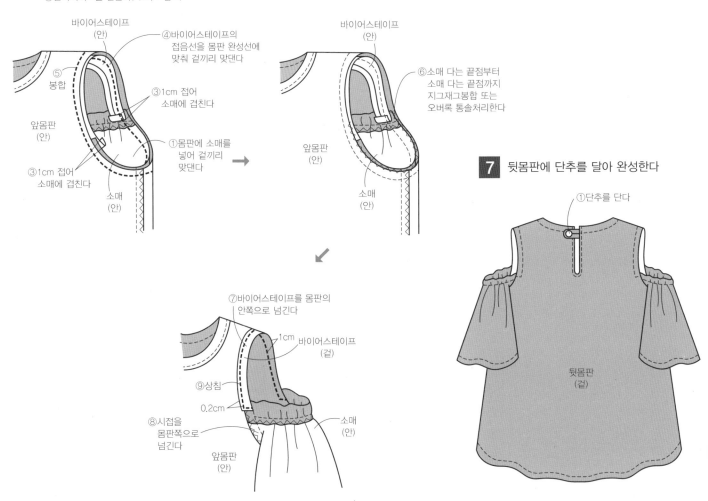

바이어스테이프(안)
④바이어스테이프의 접음선을 몸판 완성선에 맞춰 겉끼리 맞댄다
⑤봉합
③1cm 접어 소매에 겹친다
앞몸판(안)
①몸판에 소매를 넣어 겉끼리 맞댄다
③1cm 접어 소매에 겹친다
소매(안)

바이어스테이프(안)
⑥소매 다는 끝점부터 소매 다는 끝점까지 지그재그봉합 또는 오버록 통솔처리한다
앞몸판(안)
소매(안)

⑦바이어스테이프를 몸판의 안쪽으로 넘긴다
1cm 바이어스테이프(겉)
⑨상침
0.2cm
⑧시접을 몸판쪽으로 넘긴다
앞몸판(안)
소매(안)

7 뒷몸판에 단추를 달아 완성한다

①단추를 단다
뒷몸판(겉)

no.2 (P.04)

재료　겉감(리넨) ······ 112cm폭 x 100cm(S) / 100cm(M) / 110cm(L) / 120cm(LL)

접착심(소잉심지) ······ 112cm폭 x 20cm

바이어스테이프(암홀 둘레) ······ 1cm(완성폭) x 70cm(S) / 80cm(M) / 80cm(L) / 80cm(LL)

단추 ······ 1cm폭 2개

패턴에 대해서
◆ 실물크기 패턴 : A면 3번 패턴을 수정하여 사용합니다.
◆ 사용 패턴 : 앞·뒤몸판, 앞·뒤안단
* 실물크기 패턴에서 몸판과 안단은 각각 베껴 사용합니다.
* 프릴. 어깨끈은 기재된 치수로 직접 제도하여 사용합니다.
◆ 패턴 수정하는 방법
* A면 3번 패턴에서 몸판의 길이를 짧게 수정합니다.

```
┌─ 사이즈 표시 ─┐
│    S 사이즈    │
│    M 사이즈    │
│    L 사이즈    │
│    LL 사이즈   │
│1개만 작성된 숫자는 공통│
└───────────┘
```

완성 사이즈　　단위: cm

사이즈	S	M	L	LL
옷길이	37.4	38.5	39.5	40.5
가슴둘레	84.4	90	94.4	98.8

◯ = 실물크기 패턴

패턴 수정하는 방법

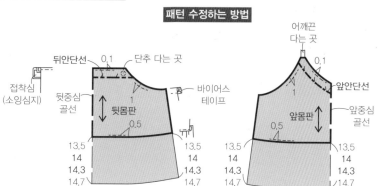

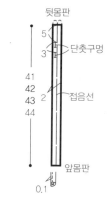

재단배치도

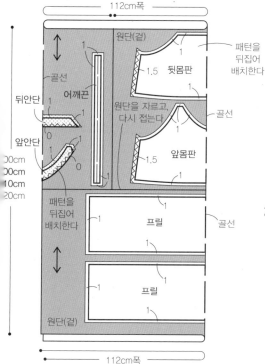

▨ = 접착심(소잉심지) 붙이는 위치

〰 = 지그재그봉제 또는 오버록 처리한다

만드는 순서

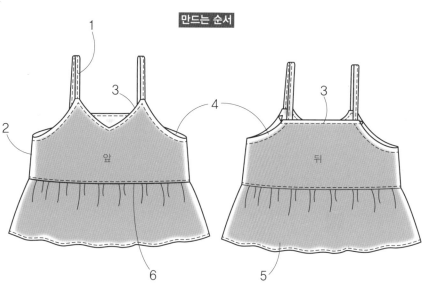

만드는 방법 P.35 / no.2 참고

no.14 (P.19)

재료
겉감(60수 론) ······ 108cm폭 x 180cm(S) / 180cm(M) / 190cm(L) / 200cm(LL)
접착심(소잉심지) ······ 112cm폭 x 20cm
바이어스테이프 ······ 1cm(완성폭) x 150cm(S) / 160cm(M) / 160cm(L) / 170cm(LL)
단추 ······ 1cm폭 1개

┌─── 사이즈 표시 ───┐
S 사이즈
M 사이즈
L 사이즈
LL 사이즈
1개만 작성된 숫자는 공통

패턴에 대해서
◆ 실물크기 패턴 : A면 1번 패턴을 수정하여 사용합니다.
◆ 사용 패턴 : 앞·뒤몸판, 뒤안단
* 실물크기 패턴에서 몸판과 안단은 각각 베껴 사용합니다.
* 천고리, 프릴A, B는 기재된 치수로 직접 제도하여 사용합니다.
◆ 패턴 수정하는 방법
* A면 1번 패턴에서 몸판의 길이를 짧게 수정합니다.

※천고리 폭 = 0.5cm

0.5 천고리
왼쪽 1 오른쪽
뒷몸판 뒷몸판

완성 사이즈

단위 : cm

사이즈	S	M	L	LL
옷길이	62.3	64.5	66.4	67.9
가슴둘레	92	98	102.8	107.6

재단배치도

원단
(겉)

1.5 프릴A — 1
1.5 프릴A — 1
프릴B
1.5 골선
프릴B
1.5

180cm
180cm
190cm
200cm

골선으로
재단

10cm 3
천고리
(1장)
1.5

뒷몸판
1.5 1
패턴을
뒤집어
배치한다

뒤안단
(1장)

0
뒷중심에
서 패턴을
펼쳐
배치한다

앞몸판
1.5
1

108cm폭

▨ = 접착심(소잉심지) 붙이는 위치
∿ = 지그재그봉제 또는 오버록 처리한다

패턴 수정하는 방법

접착심 바이어스테이프
(소잉심지)
뒤안단선
바이어스
테이프
0.2 1

뒷중심
골선 뒷몸판

= 실물크기 패턴

앞몸판
앞중심
골선

0.6
26.6
29.5 27.5
30.5 28.2
31.2 28.9
32

26.6 0.6 19.8
27.5 20.5
28.2 21
28.9 21.5

41
43.5
45.5
48

15.5
16 주름
16.5 옆선 프릴A 앞·뒤중심
17 0.3 골선

프릴B 0.3

0.5
26
27 A
28
28.5 B

만드는 순서

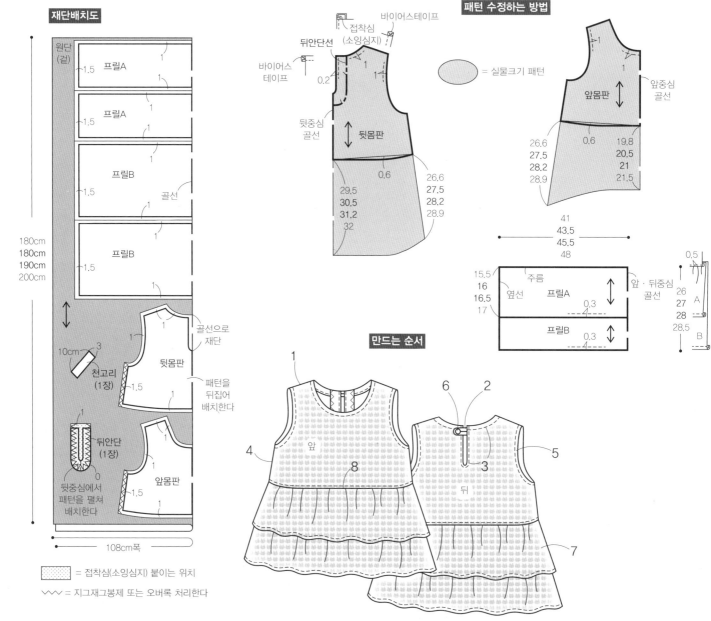

앞 뒤
1 6 2
4 5
8 3
7

만드는 방법

※봉합의 시작과 끝은 되돌아박기를 합니다

1 몸판의 어깨를 봉합한다(P.53/1 참고)

2 천고리를 만들어 몸판에 단다(P.53/2 참고)

3 몸판의 목둘레를 안바이어스 처리한다(P.53/3 참고)

4 몸판의 옆선을 봉합한다

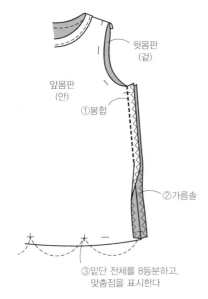

뒷몸판
(겉)

앞몸판
(안)

①봉합

②가름솔

③밑단 전체를 8등분하고,
맞춤점을 표시한다

5 몸판의 암홀(겨드랑이)둘레를 안바이어스 처리한다
(P.37/6 참고)

※안바이어스 만드는 방법(P.32/1 참고)

6 뒷몸판에 단추를 단다(P.37/7 참고)

7 프릴을 만든다

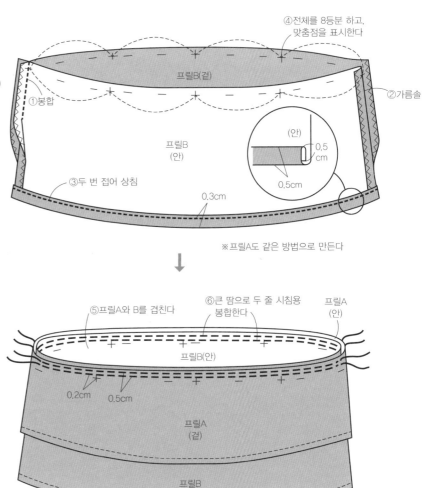

④전체를 8등분 하고,
맞춤점을 표시한다

프릴B(겉)

②가름솔

①봉합

프릴B
(안)

(안)
0.5
cm

0.5cm

③두 번 접어 상침

0.3cm

※프릴A도 같은 방법으로 만든다

⑤프릴A와 B를 겹친다

⑥큰 땀으로 두 줄 시침용
봉합한다

프릴A
(안)

프릴B(안)

0.2cm   0.5cm

프릴A
(겉)

프릴B
(겉)

8 몸판에 프릴을 단다

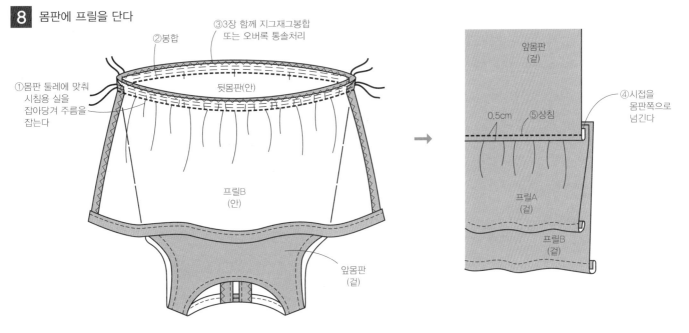

②봉합

③3장 함께 지그재그봉합
또는 오버록 통솔처리

뒷몸판(안)

①몸판 둘레에 맞춰
시침용 실을
잡아당겨 주름을
잡는다

프릴B
(안)

앞몸판
(겉)

앞몸판
(겉)

0.5cm   ⑤상침

④시접을
몸판쪽으로
넘긴다

프릴A
(겉)

프릴B
(겉)

57

재료 겉감(60수 론) ······ 114cm폭 x 210cm(S) / 220cm(M) / 220cm(L) / 230cm(LL)
접착심(소잉심지) ······ 112cm폭 x 90cm(S) / 90cm(M) / 100cm(L) / 100cm(LL)

사이즈 표시
S 사이즈
M 사이즈
L 사이즈
LL 사이즈
1개만 작성된 숫자는 공통

패턴에 대해서
◆실물크기 패턴 : B면 15번 패턴을 사용합니다.
◆사용 패턴 : 앞·뒤몸판, 커프스, 앞·뒤칼라, 칼라받침
＊실물크기 패턴에서 몸판과 안단은 각각 베껴 사용합니다.
＊암홀(겨드랑이)둘레천은 기재된 치수로 직접 제도하여 사용합니다.

완성 사이즈
단위 : cm

사이즈	S	M	L	LL
옷길이	60	62	63.5	65.1
가슴둘레	116	122	126.4	130.8

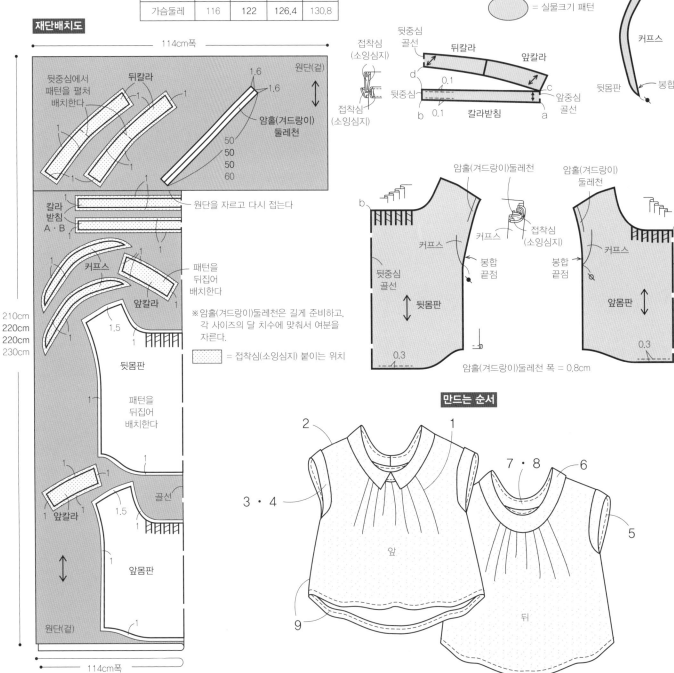

재단배치도

패턴
= 실물크기 패턴

만드는 순서

만드는 방법

※봉합의 시작과 끝은 되돌아박기를 합니다

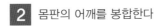

1 몸판에 턱을 봉합한다

②임시고정 봉합
0.5cm
앞몸판
(겉)
①턱을 접는다

※뒷몸판도 같은 방법으로 만든다

2 몸판의 어깨를 봉합한다

③시접을 뒷몸판쪽으로 넘긴다
뒷몸판
(겉)
①봉합
②지그재그봉합 또는 오버록 통솔처리
앞몸판
(안)

3 커프스를 만든다

커프스
(겉)
커프스
(안)
①봉합
접착심
(소잉심지)
0.3cm
②시접을 자른다

③겉으로 뒤집는다
커프스
(겉)
커프스
(안)

4 몸판에 커프스를 단다

①봉합
커프스
(겉)
봉합 끝점
봉합 끝점
앞몸판(안)
뒷몸판
(겉)

②시접을 몸판쪽으로 넘긴 후, 시접을 0.5~0.6cm 남기고 자른다

③봉합되지 않은 커프스쪽은 바깥쪽으로 꺼낸다

커프스
(겉)
앞몸판
(겉)
뒷몸판
(안)

5 몸판에 암홀(겨드랑이)둘레천을 단다

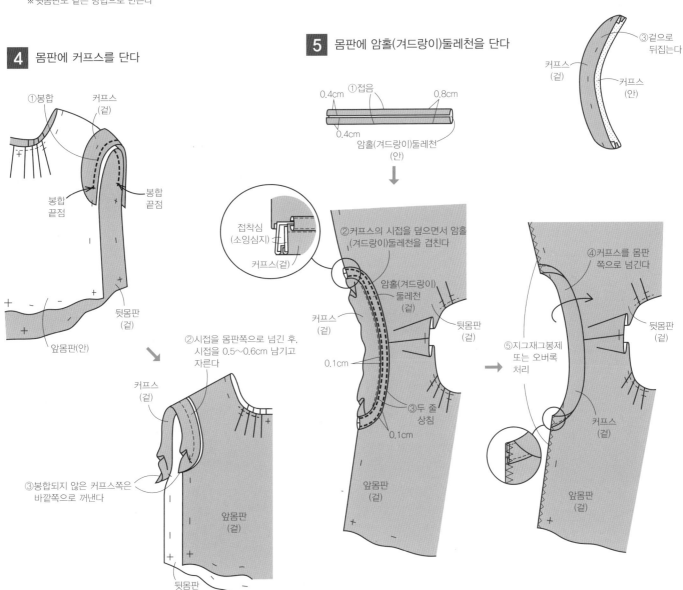

①접음
0.4cm
0.8cm
0.4cm
암홀(겨드랑이)둘레천
(안)

접착심
(소잉심지)
커프스(겉)

②커프스의 시접을 덮으면서 암홀(겨드랑이)둘레천을 겹친다
암홀(겨드랑이)
둘레천
(겉)
커프스
(겉)
0.1cm
뒷몸판
(겉)
③두 줄 상침
0.1cm
앞몸판
(겉)

④커프스를 몸판쪽으로 넘긴다
뒷몸판
(겉)
⑤지그재그봉제 또는 오버록 처리
커프스
(겉)
앞몸판
(겉)

6 칼라를 만든다

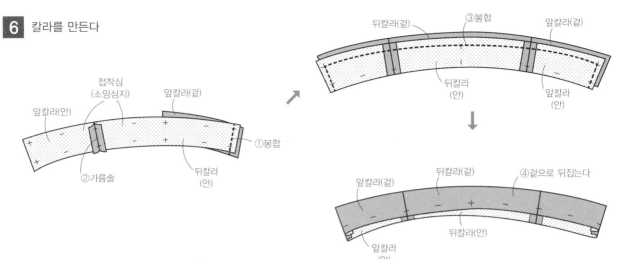

7 칼라받침을 만든다

※칼라받침B도 같은 방법으로 만든다

8 몸판에 칼라를 단다

9 몸판의 옆선을 봉합하고, 밑단을 정리한다

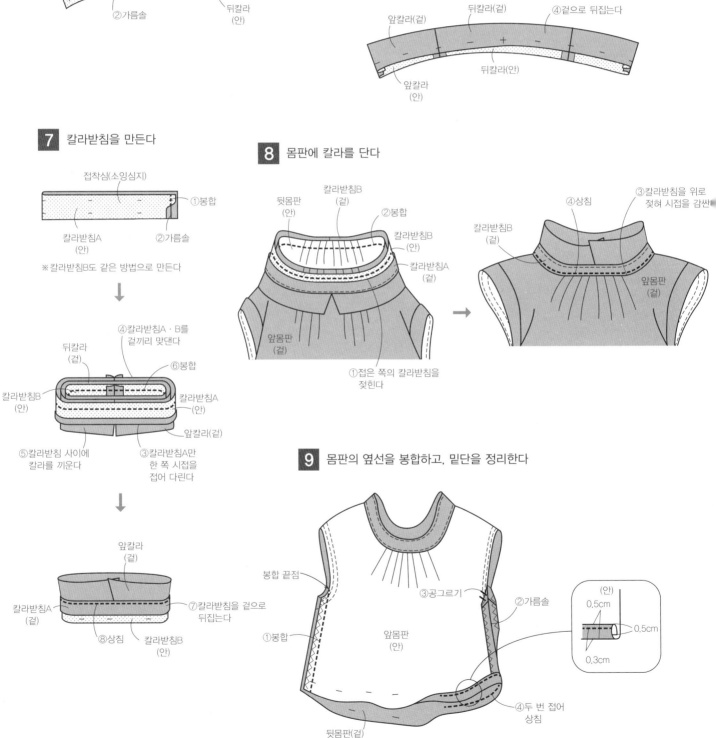

no.18 (P.24)

재료	겉감(60수 론) ····· 106cm폭 x 250cm(S) / 260cm(M) / 260cm(L) / 270cm(LL)
	접착심(소잉심지) ····· 112cm폭 x 30cm(S) / 40cm(M) / 40cm(L) / 40cm(LL)
	단추 ····· 1cm폭 2개

패턴에 대해서
◆실물크기 패턴 : A면 18번 패턴을 사용합니다.
◆사용 패턴 : 앞·뒤몸판, 요크, 칼라, 소매
＊실물크기 패턴에서 몸판과 안단은 각각 베껴 사용합니다.
＊커프스, 패치, 바이어스천은 기재된 치수로 직접 제도하여 사용합니다.

완성 사이즈
단위: cm

사이즈	S	M	L	LL
옷길이	59.1	61	62.5	64.1
가슴둘레	124.8	132	138	144

패턴

칼라
a
0.1
뒷중심
골선
b
0.1

패치
0.1
3
3
0.1
0.1 0.1

⬭ = 실물크기 패턴

재단배치도

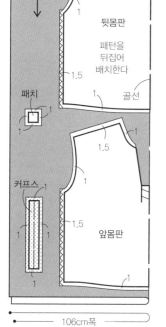

106cm폭
뒷중심에서 패턴을 펼쳐 배치한다
골선
1.5 1.5
1 1
요크
소매
칼라
A·B
1.5 1.5
바이어스천 4
약 20cm
원단(겉)
원단을 자르고, 다시 접는다

원단(겉)
뒷몸판
패턴을
뒤집어
배치한다
골선
패치
커프스
앞몸판

250 cm
260 cm
260 cm
270 cm

106cm폭

※바이어스천은 길게 준비하고, 각 사이즈의
달 치수에 맞춰서 여분을 자른다.
▨ = 접착심(소잉심지) 붙이는 위치
〰 = 지그재그봉제 또는 오버록 처리한다

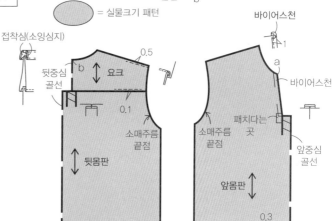

접착심(소잉심지)
뒷중심
골선
b
요크
0.5
0.1
소매주름
끝점
뒷몸판
0.3

바이어스천
1
a
바이어스천
패치다는
곳
소매주름
끝점
앞중심
골선
앞몸판
0.3

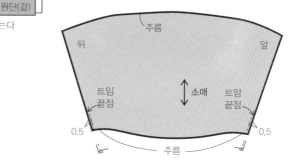

주름
뒤
앞
틈임
끝점
소매
틈임
끝점
0.5
0.5
주름

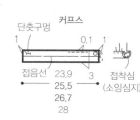

커프스
단춧구멍
0.1
1
1
접음선
23.9
25.5
26.7
28
3
접착심
(소잉심지)

만드는 순서

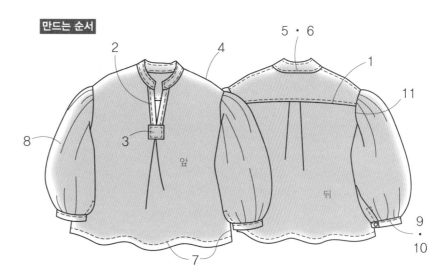

61

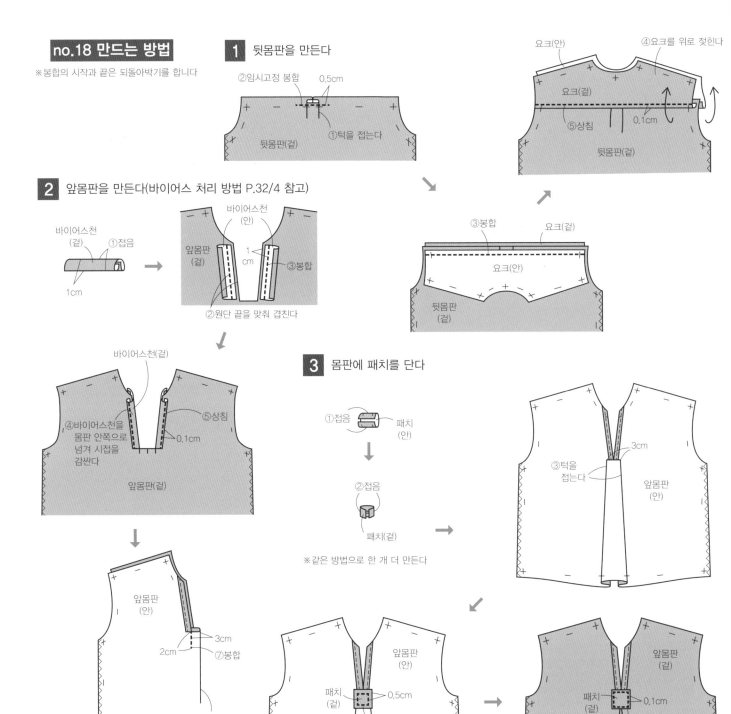

1 뒷몸판을 만든다

②임시고정 봉합
0.5cm
①턱을 접는다
뒷몸판(겉)

요크(안)
④요크를 위로 젖힌다
요크(겉)
⑤상침
0.1cm
뒷몸판(겉)

③봉합
요크(겉)
요크(안)
뒷몸판(겉)

2 앞몸판을 만든다(바이어스 처리 방법 P.32/4 참고)

바이어스천(겉)
①접음
1cm

바이어스천(안)
앞몸판(겉)
1cm
③봉합
②원단 끝을 맞춰 겹친다

바이어스천(겉)
④바이어스천을 몸판 안쪽으로 넘겨 시접을 감싼다
⑤상침
0.1cm
앞몸판(겉)

3 몸판에 패치를 단다

①접음
패치(안)

②접음
패치(겉)

※같은 방법으로 한 개 더 만든다

⑤턱을 접는다
3cm
앞몸판(안)

앞몸판(안)
3cm
2cm
⑦봉합
⑥앞중심을 따라 접는다

앞몸판(안)
패치(겉)
0.5cm
④상침

앞몸판(겉)
패치(겉)
0.1cm
⑤상침

4 몸판의 어깨를 봉합한다

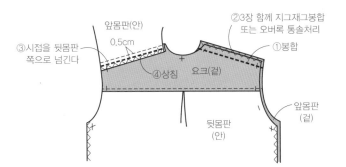

앞몸판(안)
0.5cm
③시접을 뒷몸판 쪽으로 넘긴다
④상침
요크(겉)
②3장 함께 지그재그봉합 또는 오버록 통솔처리
①봉합
뒷몸판(안)
앞몸판(겉)

5 칼라를 만든다

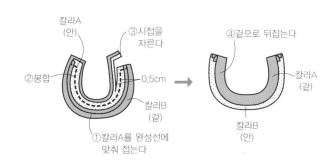

칼라A(안)
③시접을 자른다
②봉합
0.5cm
칼라B(겉)
①칼라A를 완성선에 맞춰 접는다

④겉으로 뒤집는다
칼라A(겉)
칼라B(안)

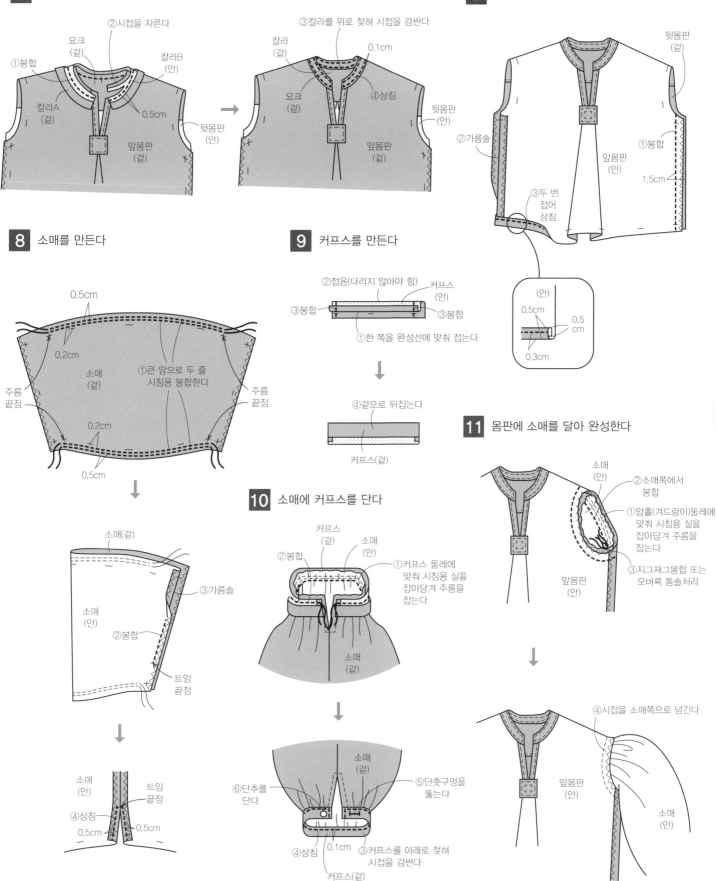

6 몸판에 칼라를 단다

①봉합
요크
(겉)
②시접을 자른다
칼라B
(안)
칼라A
(겉)
0.5cm
뒷몸판
(안)
앞몸판
(겉)

③칼라를 위로 젖혀 시접을 감싼다
칼라
(겉)
0.1cm
요크
(겉)
④상침
뒷몸판
(안)
앞몸판
(겉)

7 몸판의 옆선을 봉합하고, 밑단을 정리한다

뒷몸판
(겉)
②가름솔
①봉합
1.5cm
③두 번
접어
상침
앞몸판
(안)

(안)
0.5cm
0.5cm
0.3cm

8 소매를 만든다

0.5cm
0.2cm
소매
(겉)
①큰 땀으로 두 줄
시침용 봉합한다
주름
끝점
주름
끝점
0.2cm
0.5cm

9 커프스를 만든다

②접음(다리지 않아야 함)
커프스
(안)
③봉합
③봉합
①한 쪽을 완성선에 맞춰 접는다

④겉으로 뒤집는다
커프스(겉)

10 소매에 커프스를 단다

커프스
(겉)
소매
(안)
②봉합
①커프스 둘레에
맞춰 시침용 실을
잡아당겨 주름을
잡는다
소매
(겉)

소매
(겉)
⑥단추를
단다
⑤단춧구멍을
뚫는다
④상침
0.1cm
③커프스를 아래로 젖혀
시접을 감싼다
커프스(겉)

소매(겉)
③가름솔
소매
(안)
②봉합
트임
끝점

소매
(안)
트임
끝점
④상침
0.5cm   0.5cm

11 몸판에 소매를 달아 완성한다

소매
(안)
②소매쪽에서
봉합
①암홀(겨드랑이)둘레에
맞춰 시침용 실을
잡아당겨 주름을
잡는다
③지그재그봉합 또는
오버록 통솔처리
앞몸판
(안)

④시접을 소매쪽으로 넘긴다
앞몸판
(안)
소매
(안)

재료 겉감(크레프트신 프린트) …… 114cm폭 x 130cm(S) / 130cm(M) / 140cm(L) / 140cm(LL)

패턴에 대해서 ◆실물크기 패턴 : B면 17번 패턴을 사용합니다.

◆사용 패턴 : 앞·뒤몸판, 앞·뒤플레어

* 어깨끈(바이어스천)은 기재된 치수로 직접 제도하여 사용합니다.

사이즈 표시
S 사이즈
M 사이즈
L 사이즈
LL 사이즈
1개만 작성된 숫자는 공통

완성 사이즈

단위: cm

사이즈	S	M	L	LL
옷길이	40.2	41.5	42.4	43.5
가슴둘레	88	94	98.4	103.2

재단배치도

⬭ = 실물크기 패턴

114cm폭

원단(겉)

57
59
61
62

어깨끈
(바이어스천)

4

겉뒷몸판
0 · 1 · 0
1 · 1

안뒷몸판
0 · 1 · 0
★

안앞몸판
0 · 1 · 0
1 · 1

겉앞몸판
0 · 1 · 0
1

★=앞·뒤중심에서 패턴을
펼쳐 배치한다

130
cm
130
cm
140
cm
140
cm

원단(겉)

★

앞플레어
1
1.5
1

뒤플레어
1
1.5
골선
1

원단을 자르고
다시 접는다

114cm폭

∨∨∨ = 지그재그봉제 또는 오버록 처리한다

패턴

어깨끈
(바이어스천)

22.5
23
23.5
24

뒷몸판

1

앞몸판

어깨끈
(바이어스천)

어깨끈으로
암홀(겨드랑이)까지
이어진다

앞·뒤몸판
1
0.5

앞·뒤중심
골선

앞·뒤플레어

0.3
4

만드는 순서

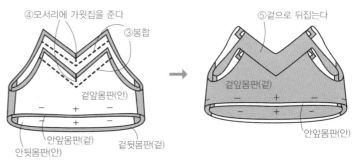

4 · 5
1
3
앞
2

만드는 방법

※봉합의 시작과 끝은 되돌아박기를 합니다

1 몸판을 만든다

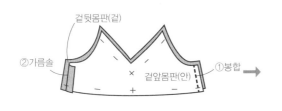

겉뒷몸판(겉)

②가름솔

겉앞몸판(안)
×
①봉합

④모서리에 가윗집을 준다
③봉합

안앞몸판(겉)
안뒷몸판(안)
겉뒷몸판(겉)

⑤겉으로 뒤집는다

겉앞몸판(겉)
안앞몸판(안)

※안앞·뒤몸판도 같은 방법으로 만든다

2 플레어를 만든다

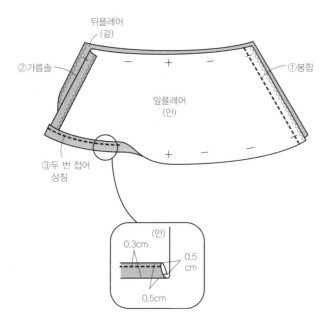

뒤플레어
(겉)

②가름솔

①봉합

앞플레어
(안)

－ ＋ － ＋ － ＋

③두 번 접어
상침

(안)
0.3cm
0.5cm
0.5cm

3 몸판에 플레어를 단다

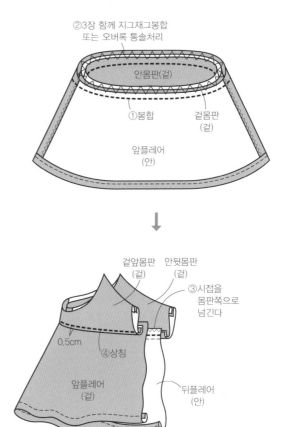

②3장 함께 지그재그봉합
또는 오버록 통솔처리

안몸판(겉)

①봉합

겉몸판
(겉)

앞플레어
(안)

겉앞몸판
(겉)

안뒷몸판
(겉)

③시접을
몸판쪽으로
넘긴다

0.5cm

④상침

앞플레어
(겉)

뒤플레어
(안)

4 어깨끈(바이어스천)을 만든다(P.32/3 참고)

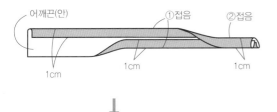

어깨끈(안)

①접음

②접음

1cm

1cm

1cm

③접음선을 펼친다

④봉합

어깨끈
(안)

1cm

⑤가름솔

어깨끈(겉)

1cm

⑥다시 접는다

5 몸판에 어깨끈(바이어스천)을 단다

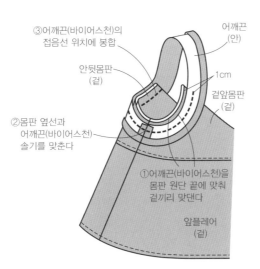

③어깨끈(바이어스천)의
접음선 위치에 봉합

어깨끈
(안)

안뒷몸판
(겉)

1cm

겉앞몸판
(겉)

②몸판 옆선과
어깨끈(바이어스천)
솔기를 맞춘다

①어깨끈(바이어스천)을
몸판 원단 끝에 맞춰
겉끼리 맞댄다

앞플레어
(겉)

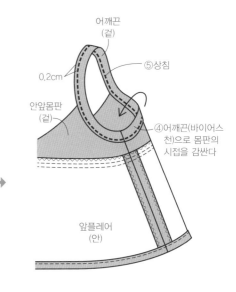

어깨끈
(겉)

0.2cm

⑤상침

안앞몸판
(겉)

④어깨끈(바이어스
천)으로 몸판의
시접을 감싼다

앞플레어
(안)

재료 겉감(선염 덩거리) ······ 110cm폭 x 150cm(S) / 160cm(M) / 170cm(L) / 170cm(LL)

패턴에 대해서
◆실물크기 패턴 : B면 17번 패턴을 수정하여 사용합니다.
◆사용 패턴 : 앞·뒤몸판, 앞·뒤플레어
＊어깨끈(바이어스천), 리본은 기재된 치수로 직접 제도하여 사용합니다.
◆패턴 수정하는 방법
＊B면 17번 패턴에서 플레어 길이를 짧게 수정합니다.

┌─ **사이즈 표시** ─┐
S 사이즈
M 사이즈
L 사이즈
LL 사이즈
1개만 작성된 숫자는 공통

완성 사이즈

단위 : cm

사이즈	S	M	L	LL
옷길이	35.4	36.5	37.3	38.3
가슴둘레	88	94	98.4	103.2

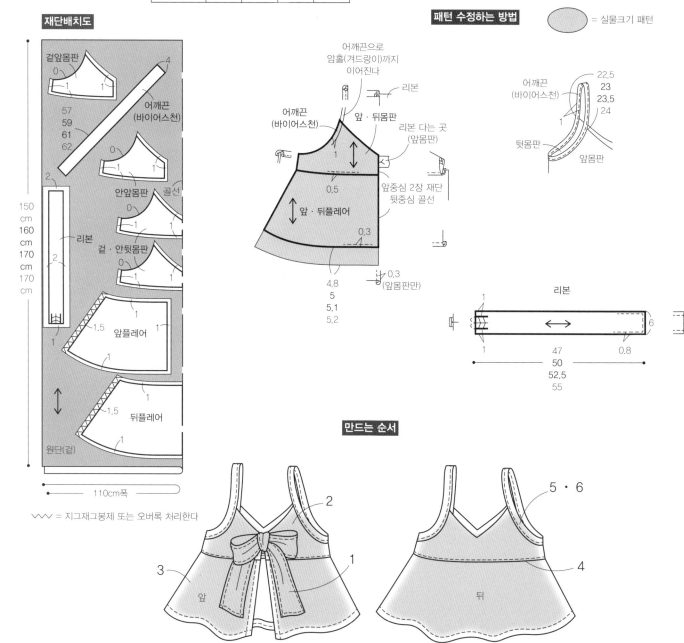

재단배치도

∨∨∨ = 지그재그봉제 또는 오버록 처리한다

패턴 수정하는 방법

만드는 순서

만드는 방법

※봉합의 시작과 끝은 되돌아박기를 합니다

1 리본을 만든다

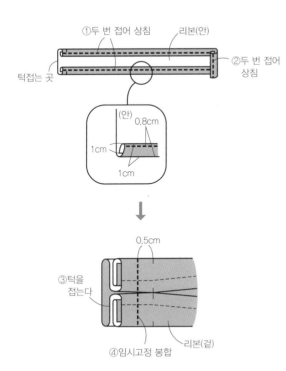

①두 번 접어 상침
리본(안)
②두 번 접어 상침
턱접는 곳

(안)
0.8cm
1cm
1cm

0.5cm
③턱을 접는다
④임시고정 봉합
리본(겉)

2 몸판을 만든다

겉앞몸판(안)
겉앞몸판(겉)
겉뒷몸판(안)
①봉합
②가름솔

※안앞·뒷몸판도 같은 방법으로 만든다

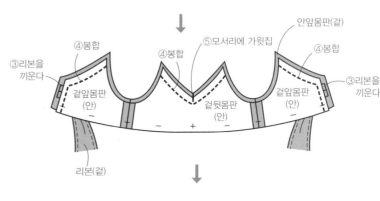

④봉합
④봉합
⑤모서리에 가윗집
안앞몸판(겉)
④봉합
③리본을 끼운다
겉앞몸판(안)
겉뒷몸판(안)
겉앞몸판(안)
③리본을 끼운다
리본(겉)

⑥겉으로 뒤집는다
겉앞몸판(겉)
겉뒷몸판(겉)
겉앞몸판(겉)
안앞몸판(안)

3 플레어를 만든다

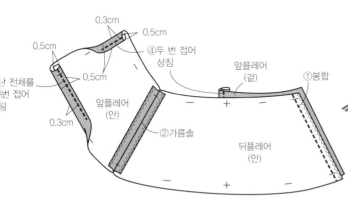

0.3cm
0.5cm
0.5cm
0.5cm
④두 번 접어 상침
앞플레어(겉)
①봉합
전체를 번 접어
0.3cm
앞플레어(안)
②가름솔
뒤플레어(안)

4 플레어를 단다

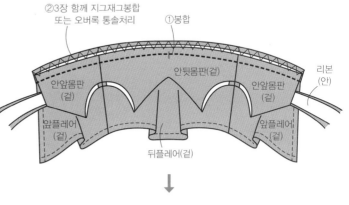

②3장 함께 지그재그봉합 또는 오버록 통솔처리
①봉합
안뒷몸판(겉)
리본(안)
안앞몸판(겉)
안앞몸판(겉)
앞플레어(겉)
뒤플레어(겉)
앞플레어(겉)

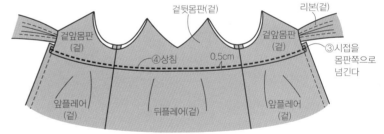

겉뒷몸판(겉)
리본(겉)
겉앞몸판(겉)
겉앞몸판(겉)
④상침
0.5cm
③시접을 몸판쪽으로 넘긴다
앞플레어(겉)
뒤플레어(겉)
앞플레어(겉)

5 어깨끈(바이어스천)을 만든다(P.65/4 참고)

6 몸판에 어깨끈(바이어스천)을 단다(P.65/5 참고)

no.12 (P.17)

재료 　겉감(파우더 포플린) ······ 138cm폭 x 190cm(S) / 200cm(M) / 210cm(L) / 230cm(LL)

　　　　접착심(소잉심지) ······ 112cm폭 x 70cm(S) / 70cm(M) / 70cm(L) / 80cm(LL)

패턴에 대해서 　◆ 실물크기 패턴 : A면 12번 패턴을 사용합니다.

　　　　　　　◆ 사용 패턴 : 앞·뒤몸판, 요크, 보타이

　　　　　　　* 목둘레천, 암홀(겨드랑이)둘레천은 기재된 치수로 직접 제도하여 사용합니다.

완성 사이즈

단위 : cm

사이즈	S	M	L	LL
옷길이	64.9	67	68.7	70.4
가슴둘레	112	118	122.8	128

⬭ = 실물크기 패턴

패턴

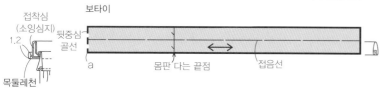

재단배치도

※ 목둘레천, 암홀(겨드랑이)둘레천은 길게 준비하고,
각 사이즈의 달 치수에 맞춰서 여분을 자른다.

▨ = 접착심(소잉심지) 붙이는 위치

〰 = 지그재그봉제 또는 오버록 처리한다

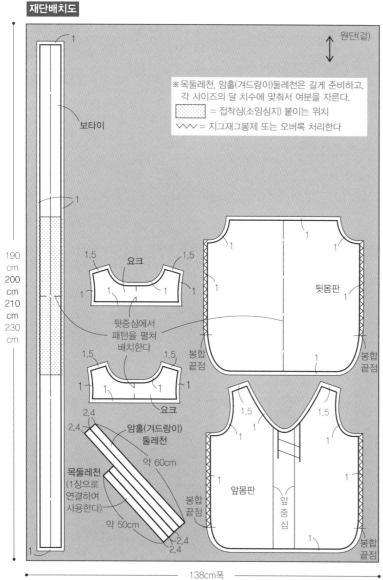

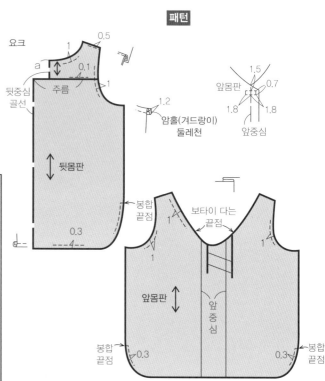

만드는 순서

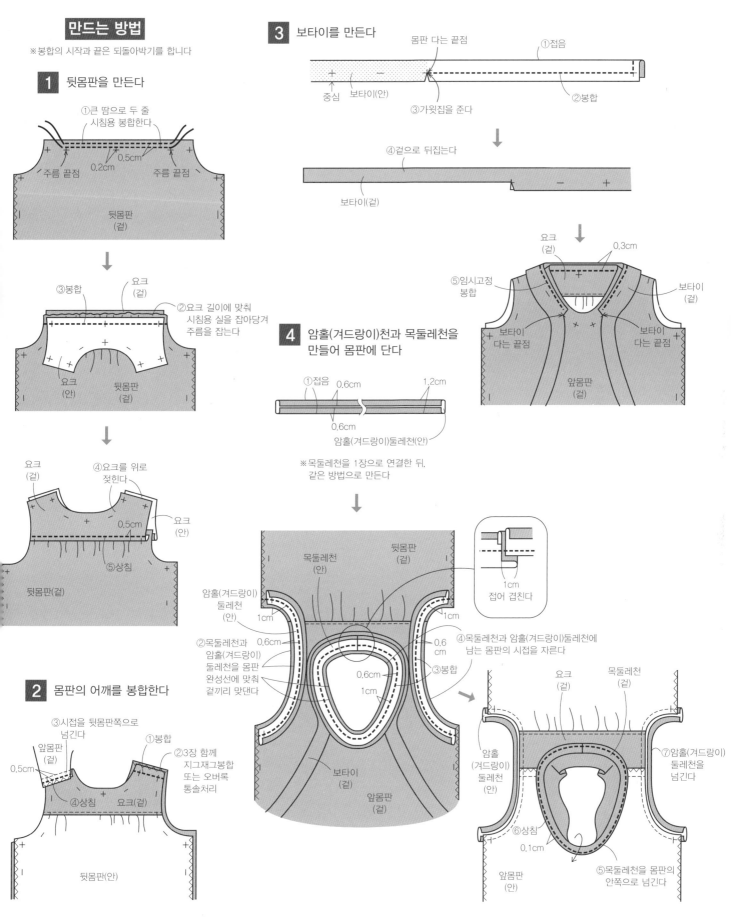

만드는 방법

※봉합의 시작과 끝은 되돌아박기를 합니다

1 뒷몸판을 만든다

①큰 땀으로 두 줄 시침용 봉합한다
0.2cm
0.5cm
주름 끝점
주름 끝점
뒷몸판(겉)

③봉합
요크(겉)
②요크 길이에 맞춰 시침용 실을 잡아당겨 주름을 잡는다
요크(안)
뒷몸판(겉)

요크(겉)
④요크를 위로 젖힌다
요크(안)
0.5cm
⑤상침
뒷몸판(겉)

2 몸판의 어깨를 봉합한다

③시접을 뒷몸판쪽으로 넘긴다
앞몸판(겉)
①봉합
②3장 함께 지그재그봉합 또는 오버록 통솔처리
0.5cm
④상침
요크(겉)
뒷몸판(안)

3 보타이를 만든다

몸판 다는 끝점
①접음
중심
보타이(안)
③가윗집을 준다
②봉합

④겉으로 뒤집는다
보타이(겉)

요크(겉)
0.3cm
⑤임시고정 봉합
보타이(겉)
보타이 다는 끝점
보타이 다는 끝점
앞몸판(겉)

4 암홀(겨드랑이)천과 목둘레천을 만들어 몸판에 단다

①접음
0.6cm
1.2cm
0.6cm
암홀(겨드랑이)둘레천(안)

※목둘레천을 1장으로 연결한 뒤, 같은 방법으로 만든다

목둘레천(안)
뒷몸판(겉)
암홀(겨드랑이)둘레천(안)
1cm
1cm
1cm
접어 겹친다
②목둘레천과 암홀(겨드랑이)둘레천을 몸판 완성선에 맞춰 겉끼리 맞댄다
0.6cm
0.6cm
0.6cm
③봉합
1cm
④목둘레천과 암홀(겨드랑이)둘레천에 남는 몸판의 시접을 자른다
보타이(겉)
앞몸판(겉)

요크(겉)
목둘레천(겉)
암홀(겨드랑이)둘레천(안)
⑦암홀(겨드랑이)둘레천을 넘긴다
⑥상침
0.1cm
⑤목둘레천을 몸판의 안쪽으로 넘긴다
앞몸판(안)

5 몸판의 옆선을 봉합한다

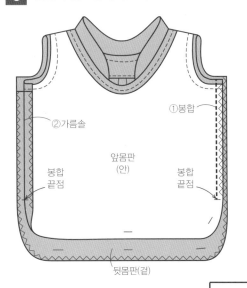

②가름솔
①봉합
②가름솔
앞몸판
(안)
봉합
끝점
봉합
끝점
뒷몸판(겉)

6 암홀(겨드랑이)둘레와 몸판 밑단을 정리한다

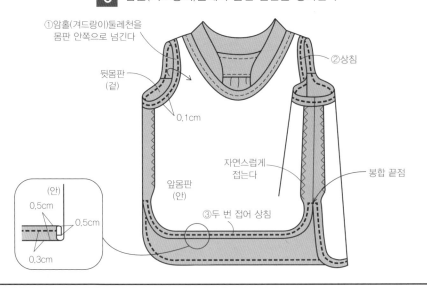

①암홀(겨드랑이)둘레천을
몸판 안쪽으로 넘긴다
②상침
뒷몸판
(겉)
0.1cm
앞몸판
(안)
자연스럽게
접는다
봉합 끝점
③두 번 접어 상침
(안)
0.5cm
0.5cm
0.3cm

7 몸판에 턱을 접어 완성한다

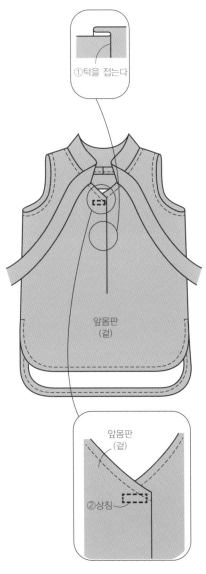

①턱을 접는다
앞몸판
(겉)
앞몸판
(겉)
②상침

no.10·11 만드는 방법

※봉합의 시작과 끝은 되돌아박기를 합니다
※no.10, 11의 재단배치도는 P.71에 있습니다

1 뒷몸판을 만든다(P.69/1 참고)

2 몸판의 어깨를 봉합한다(P.69/2 참고)

3 암홀(겨드랑이)둘레천과 목둘레천을
만들어 몸판에 단다

①접음
0.6cm
1.2cm
암홀(겨드랑이)둘레천
(안)
0.6cm

※목둘레천을 1장으로 연결한 뒤, 같은
방법으로 만든다

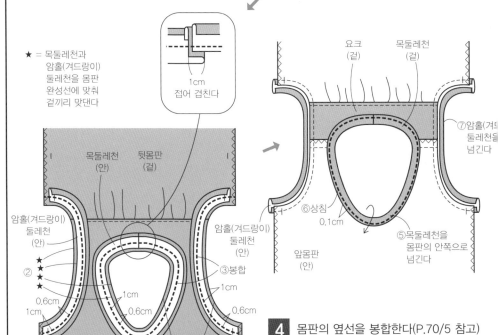

★ = 목둘레천과
암홀(겨드랑이)
둘레천을 몸판
완성선에 맞춰
겉끼리 맞댄다

1cm
접어 겹친다

목둘레천
(안)
뒷몸판
(겉)
암홀(겨드랑이)
둘레천
(안)
암홀(겨드랑이)
둘레천
(안)
③봉합
②
★
★
★
0.6cm
1cm
1cm
0.6cm
0.6cm
④목둘레천과
암홀(겨드랑이)
둘레천에 남는
몸판의 시접을
자른다
앞몸판
(겉)

요크
(겉)
목둘레천
(겉)
⑦암홀(겨드랑이)
둘레천을
넘긴다
⑥상침
0.1cm
⑤목둘레천을
몸판의 안쪽으로
넘긴다
앞몸판
(안)

4 몸판의 옆선을 봉합한다(P.70/5 참고)

5 암홀(겨드랑이)둘레와 몸판 밑단을
정리한다(P.70/6 참고)

6 몸판에 턱을 접어 완성한다(P.70/7 참고)

no.10 (P.14)

no.11 (P.16)

재료　no.10 겉감(드라이 트윌 워셔) ······ 138cm폭 x 150cm(S) / 150cm(M) / 160cm(L) / 160cm(LL)
　　　　no.11 겉감(컷트 도비) ······ 108cm폭 x 160cm(S) / 160cm(M) / 170cm(L) / 170cm(LL)

패턴에 대해서　◆실물크기 패턴 : A면 10, 11번 패턴을 사용합니다.

　　　　◆사용 패턴 : 앞·뒤몸판, 요크

　　　　* 실물크기 패턴에서 몸판과 안단은 각각 베껴 사용합니다.

　　　　* 목둘레천, 암홀(겨드랑이)둘레천은 기재된 치수로 직접 제도하여 사용합니다.

사이즈 표시
S 사이즈
M 사이즈
L 사이즈
LL 사이즈
1개만 작성된 숫자는 공통

완성 사이즈

단위: cm

사이즈	S	M	L	LL
옷길이	64.9	67	68.7	70.4
가슴둘레	112	118	122.8	128

= 실물크기 패턴

패턴

재단배치도

138cm폭(no.10)
108cm폭(no.11)

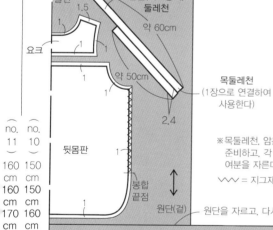

no.11	no.10
160cm	150cm
160cm	150cm
170cm	160cm
170cm	160cm

목둘레천
(1장으로 연결하여 사용한다)

※목둘레천, 암홀(겨드랑이)둘레천은 길게 준비하고, 각 사이즈의 달 치수에 맞춰서 여분을 자른다.

∨∨∨ = 지그재그봉제 또는 오버록 처리한다

원단을 자르고, 다시 접는다

138cm폭(no.10)
108cm폭(no.11)

만드는 순서

만드는 방법 P.70 / no.11·12 참고

재료 겉감(리넨) ····· 110cm폭 x 170cm(S) / 180cm(M) / 180cm(L) / 190cm(LL)

패턴에 대해서 ◆실물크기 패턴 : B면 20번 패턴을 사용합니다.

◆사용 패턴 : 앞·뒤몸판

＊밑단 프릴, 소매 프릴, 목둘레천은 기재된 치수로 직접 제도하여 사용합니다.

완성 사이즈 단위 : cm

사이즈	S	M	L	LL
옷길이	57.1	59	60.4	62
가슴둘레	106.8	114	119.6	125.2

= 실물크기 패턴

사이즈 표시
S 사이즈
M 사이즈
L 사이즈
LL 사이즈
1개만 작성된 숫자는 공통

패턴

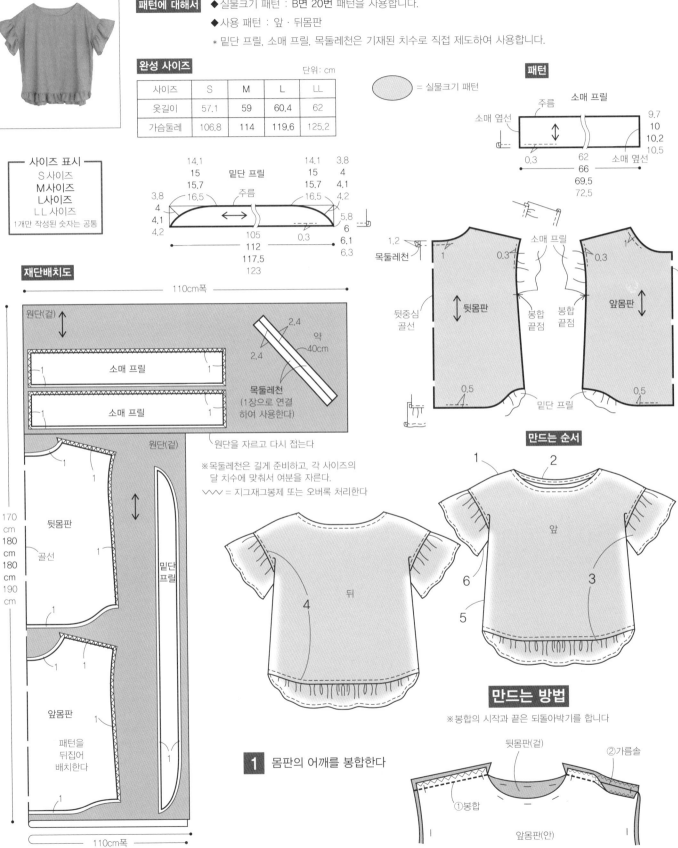

2 몸판에 목둘레천을 단다

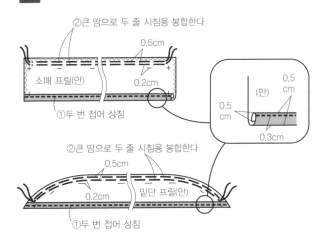

⑤

0.2cm 남긴다

몸판(안)

①목둘레천을 만든다(P.37/3 참고)

⑤몸판의 시접에 가윗집을 준다

②1cm 접어 겹친다

목둘레천
(안)

앞몸판(겉)

③목둘레천의 접음선
위치에 봉합

②목둘레천의 접음선을
몸판 완성선에 맞춰
겉끼리 맞댄다

④목둘레천을 몸판의 안쪽으로 넘기고 겉에서 상침한다
(P.49/3-⑤~⑥ 참고)

3 소매 프릴과 밑단 프릴을 만든다

②큰 땀으로 두 줄 시침용 봉합한다

0.5cm

소매 프릴(안)

0.2cm

①두 번 접어 상침

(안)

0.5
cm

0.5
cm

0.3cm

②큰 땀으로 두 줄 시침용 봉합한다

0.5cm

0.2cm

밑단 프릴(안)

①두 번 접어 상침

4 몸판에 밑단 프릴과 소매 프릴을 단다

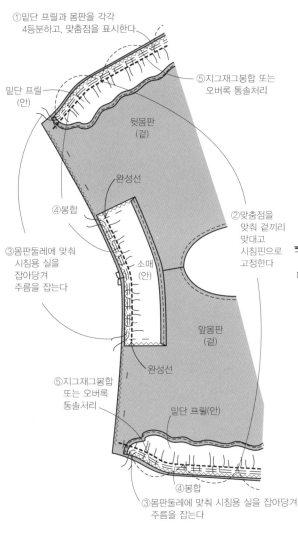

①밑단 프릴과 몸판을 각각
4등분하고, 맞춤점을 표시한다

⑤지그재그봉합 또는
오버록 통솔처리

밑단 프릴
(안)

뒷몸판
(겉)

완성선

④봉합

③몸판둘레에 맞춰
시침용 실을
잡아당겨
주름을 잡는다

소매
(안)

②맞춤점을
맞춰 겉끼리
맞대고
시침핀으로
고정한다

완성선

⑤지그재그봉합
또는 오버록
통솔처리

앞몸판
(겉)

밑단 프릴(안)

④봉합

③몸판둘레에 맞춰 시침용 실을 잡아당겨
주름을 잡는다

5 몸판의 옆선을 봉합한다

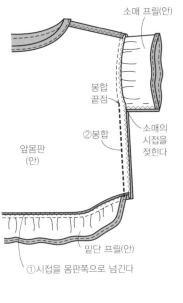

소매 프릴(안)

앞몸판
(안)

봉합
끝점

②봉합

소매의
시접을
젖힌다

①시접을 몸판쪽으로 넘긴다

밑단 프릴(안)

6 소매 옆선을 봉합한다

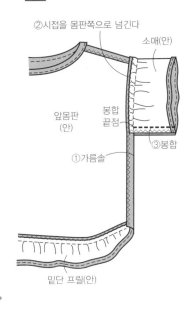

②시접을 몸판쪽으로 넘긴다

소매(안)

앞몸판
(안)

봉합
끝점

③봉합

①가름솔

밑단 프릴(안)

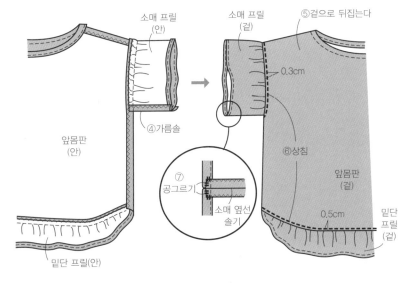

소매 프릴
(안)

앞몸판
(안)

④가름솔

밑단 프릴(안)

소매 프릴
(겉)

0.3cm

⑤겉으로 뒤집는다

⑥상침

앞몸판
(겉)

0.5cm

밑단
프릴
(겉)

⑦
공그르기

소매 옆선
솔기

재료 ······ 겉감(마이크로 새틴) ······ 110cm폭 x 340cm(S) / 340cm(M) / 350cm(L) / 360cm(LL)

단추 ······ 1cm폭 8개

패턴에 대해서
◆ 실물크기 패턴 : B면 22번 패턴을 사용합니다.

◆ 사용 패턴 : 앞·뒤몸판, 앞·뒤스커트, 소매

* 실물크기 패턴에서 몸판과 안단은 각각 베껴 사용합니다.

* 바이어스천. 천고리는 기재된 치수로 직접 제도하여 사용합니다.

완성 사이즈

단위 : cm

사이즈	S	M	L	LL
옷길이	102.7	106	108.7	111.4
가슴둘레	86.4	92	96.4	101.2

사이즈 표시
S 사이즈
M사이즈
L사이즈
LL 사이즈
1개만 작성된 숫자는 공통

◯ = 실물크기 패턴

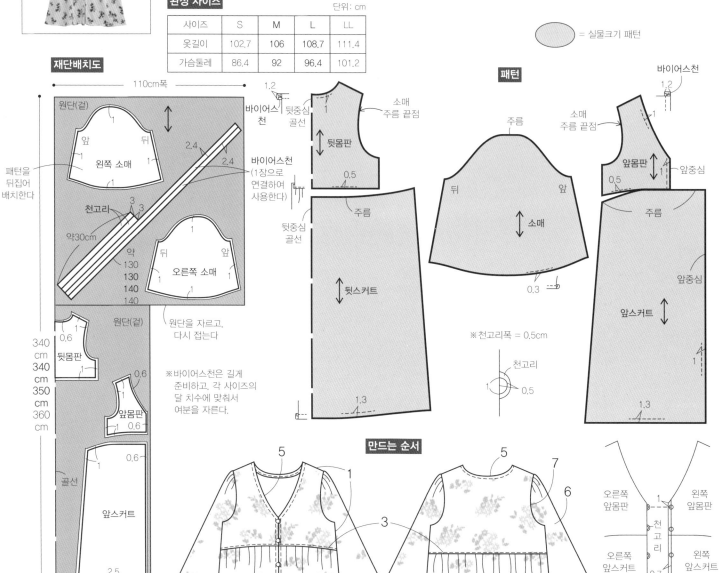

재단배치도

패턴

※천고리폭 = 0.5cm

만드는 순서

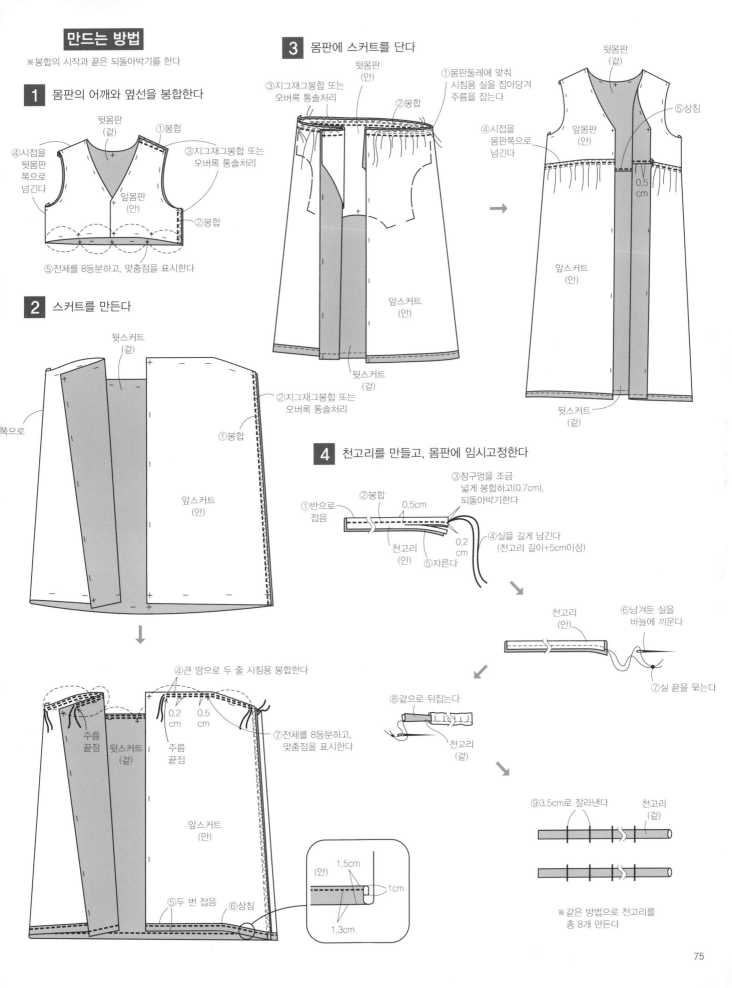

만드는 방법

※봉합의 시작과 끝은 되돌아박기를 한다

1 몸판의 어깨와 옆선을 봉합한다

④시접을 뒷몸판 쪽으로 넘긴다
뒷몸판 (겉)
①봉합
③지그재그봉합 또는 오버록 통솔처리
앞몸판 (안)
②봉합
⑤전체를 8등분하고, 맞춤점을 표시한다

2 스커트를 만든다

뒷스커트 (겉)
②지그재그봉합 또는 오버록 통솔처리
①봉합
쪽으로
앞스커트 (안)

④큰 땀으로 두 줄 시침용 봉합한다
주름 끝점
뒷스커트 (겉)
주름 끝점
0.2 cm
0.5 cm
⑦전체를 8등분하고, 맞춤점을 표시한다
앞스커트 (안)
⑤두 번 접음
⑥상침
(안)
1.5cm
1cm
1.3cm

3 몸판에 스커트를 단다

③지그재그봉합 또는 오버록 통솔처리
뒷몸판 (안)
②봉합
①몸판둘레에 맞춰 시침용 실을 잡아당겨 주름을 잡는다
④시접을 몸판쪽으로 넘긴다
앞스커트 (안)
뒷스커트 (겉)

뒷몸판 (겉)
⑤상침
앞몸판 (안)
0.5 cm
앞스커트 (안)
뒷스커트 (겉)

4 천고리를 만들고, 몸판에 임시고정한다

①반으로 접음
②봉합
0.5cm
③창구멍을 조금 넓게 봉합하고(0.7cm), 되돌아박기한다
천고리 (안)
⑤자른다
0.2 cm
④실을 길게 남긴다 (천고리 길이+5cm이상)

천고리 (안)
⑥남겨둔 실을 바늘에 끼운다
⑦실 끝을 묶는다

⑧겉으로 뒤집는다
천고리 (겉)

⑨3.5cm로 잘라낸다
천고리 (겉)

※같은 방법으로 천고리를 총 8개 만든다

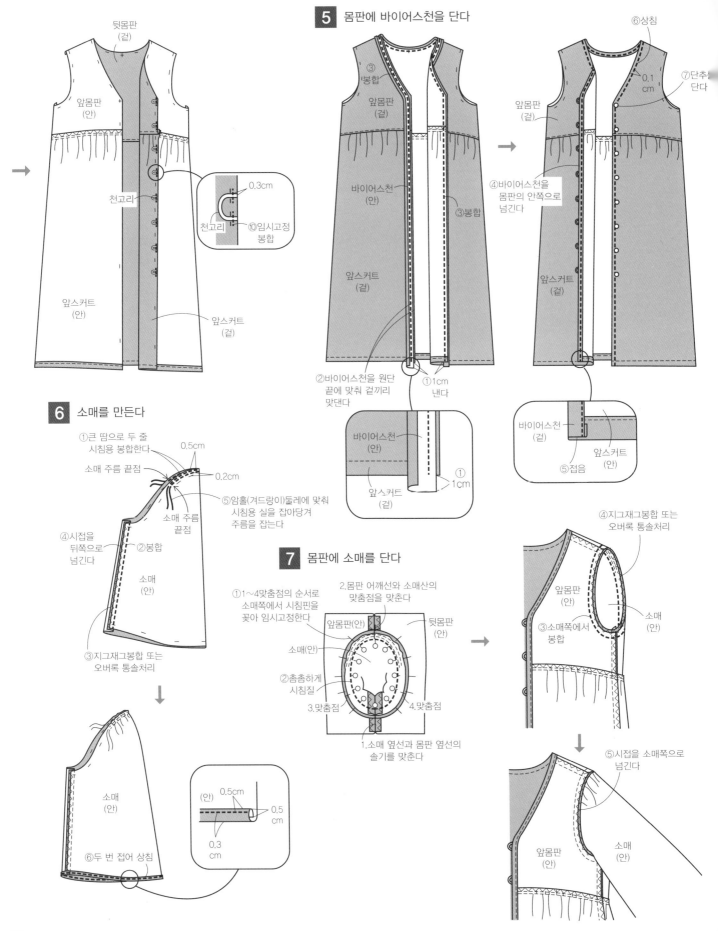

뒷몸판
(겉)

앞몸판
(안)

천고리

천고리

0.3cm

⑩임시고정
봉합

앞스커트
(안)

앞스커트
(겉)

5 몸판에 바이어스천을 단다

③
봉합

앞몸판
(겉)

바이어스천
(안)

③봉합

앞스커트
(겉)

②바이어스천을 원단
끝에 맞춰 겉끼리
맞댄다

①1cm
낸다

바이어스천
(안)

앞스커트
(겉)

①
1cm

⑥상침

0.1
cm

⑦단추
단다

앞몸판
(겉)

④바이어스천을
몸판의 안쪽으로
넘긴다

앞스커트
(겉)

바이어스천
(겉)

⑤접음

앞스커트
(안)

6 소매를 만든다

①큰 땀으로 두 줄
시침용 봉합한다

소매 주름 끝점

0.5cm

0.2cm

⑤암홀(겨드랑이)둘레에 맞춰
시침용 실을 잡아당겨
주름을 잡는다

소매 주름
끝점

④시접을
뒤쪽으로
넘긴다

②봉합

소매
(안)

③지그재그봉합 또는
오버록 통솔처리

소매
(안)

⑥두 번 접어 상침

(안) 0.5cm

0.5
cm

0.3
cm

7 몸판에 소매를 단다

①1~4맞춤점의 순서로
소매쪽에서 시침핀을
꽂아 임시고정한다

2.몸판 어깨선과 소매산의
맞춤점을 맞춘다

앞몸판(안)

뒷몸판
(안)

소매(안)

②촘촘하게
시침질

3.맞춤점

4.맞춤점

1.소매 옆선과 몸판 옆선의
솔기를 맞춘다

④지그재그봉합 또는
오버록 통솔처리

앞몸판
(안)

소매
(안)

③소매쪽에서
봉합

⑤시접을 소매쪽으로
넘긴다

앞몸판
(안)

소매
(안)

no.21 (P.28)

재료 겉감(스무스니트) …… 160cm폭 x 170cm(S) / 180cm(M) / 180cm(L) / 190cm(LL)
　　　단추 …… 1.3cm폭 2개

패턴에 대해서 ◆ 실물크기 패턴 : B면 21번 패턴을 사용합니다.

◆ 사용 패턴 : 앞·뒤몸판, 소매

＊ 소매 탭은 기재된 치수로 직접 제도하여 사용합니다.

┌ 사이즈 표시 ┐
S 사이즈
M 사이즈
L 사이즈
LL 사이즈
1개만 작성된 숫자는 공통

완성 사이즈

단위 : cm

사이즈	S	M	L	LL
옷길이	68.3	70.5	72.3	74.1
가슴둘레	94.8	101.4	106.6	111.8

 = 실물크기 패턴

패턴

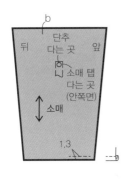

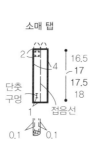

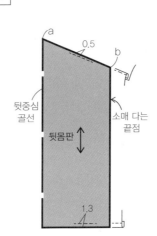

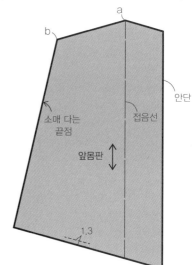

재단배치도

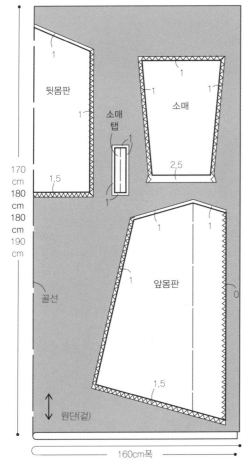

∨∨∨ = 지그재그봉제 또는 오버록 처리한다

만드는 순서

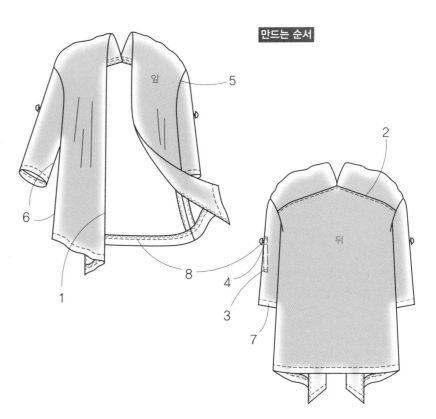

no.21 만드는 방법

※봉합의 시작과 끝은 되돌아박기를 합니다

1 안단을 접는다

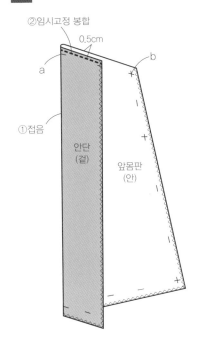

②임시고정 봉합
0.5cm
a
b
①접음
안단(겉)
앞몸판(안)

3 소매 탭을 만든다

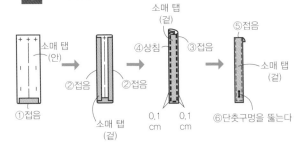

소매 탭(안)
①접음
②접음
②접음
소매 탭(겉)
소매 탭(겉)
④상침
③접음
⑤접음
소매 탭(겉)
0.1cm 0.1cm
⑥단춧구멍을 뚫는다

4 소매에 소매 탭을 단다

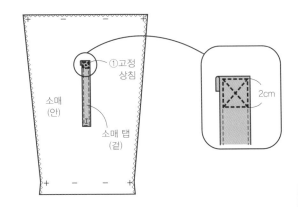

소매(안)
①고정 상침
소매 탭(겉)
2cm

5 소매를 단다

2 앞·뒤몸판을 만든다

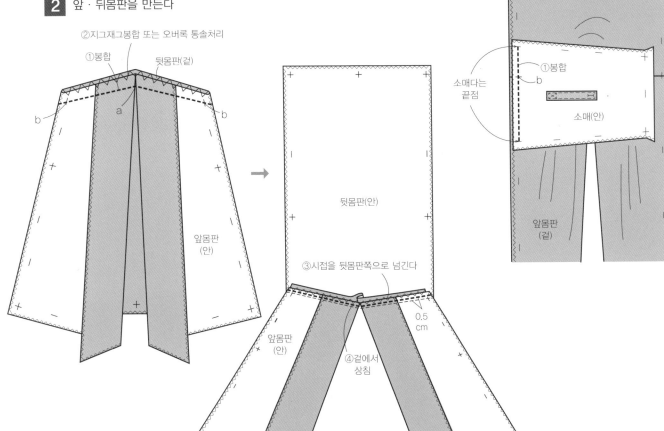

②지그재그봉합 또는 오버록 통솔처리
①봉합
뒷몸판(겉)
b
a
b
앞몸판(안)
뒷몸판(안)
③시접을 뒷몸판쪽으로 넘긴다
0.5cm
앞몸판(안)
④겉에서 상침

뒷몸판(겉)
①봉합
b
소매다는 끝점
소매(안)
앞몸판(겉)

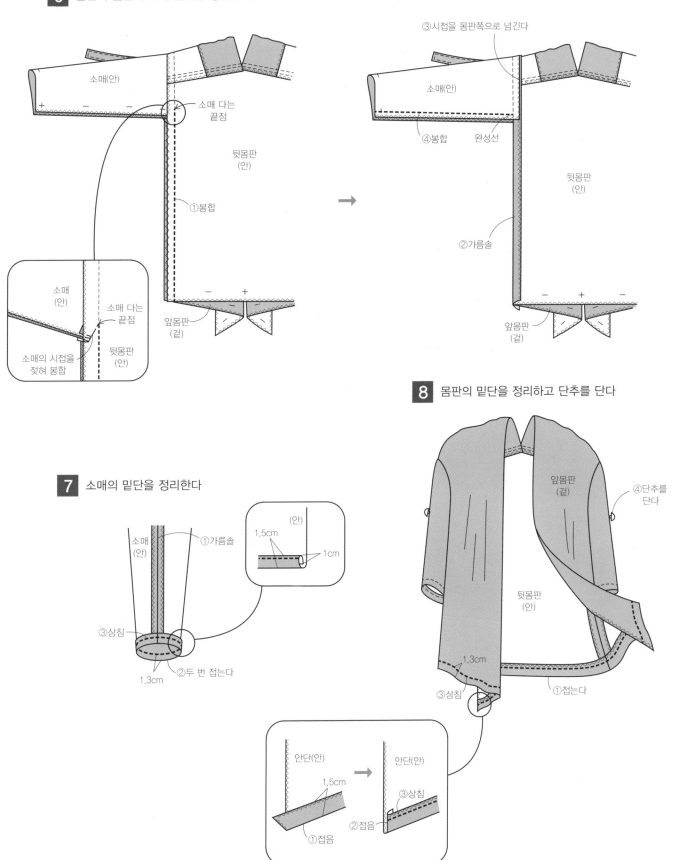

6 몸판의 옆선과 소매 옆선을 봉합한다

소매(안)

소매 다는
끝점

뒷몸판
(안)

①봉합

소매
(안)

소매 다는
끝점

소매의 시접을
젖혀 봉합

뒷몸판
(안)

앞몸판
(겉)

③시접을 몸판쪽으로 넘긴다

소매(안)

④봉합   완성선

뒷몸판
(안)

②가름솔

앞몸판
(겉)

8 몸판의 밑단을 정리하고 단추를 단다

앞몸판
(겉)

④단추를
단다

뒷몸판
(안)

7 소매의 밑단을 정리한다

소매
(안)

①가름솔

(안)

1.5cm

1cm

③상침

1.3cm

②두 번 접는다

1.3cm

③상침   ①접는다

안단(안)

1.5cm

①접음

안단(안)

②접음

③상침

79

1 만들고 싶은 작품을 결정한다

작품 번호

● 작품의 [패턴에 대해서]에는 사용패턴의 번호가
   기재되어 있습니다.

● 실물크기 패턴을 큰 책상 위 또는 바닥에
   펼칩니다.

● 만들고 싶은 작품 번호의 패턴이 어떤 선으로
   표시되어 있는지, 몇개의 패턴으로 나누어져
   있는지 확인합니다.

* 선이 교차되어 있기 때문에 사용할 작품 번호의
   패턴선을 형광펜으로 따라 그려 두면 베끼기
   수월합니다.

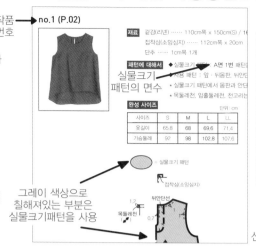

실물크기 패턴의 면수

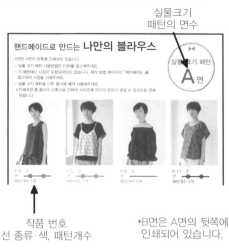

실물크기 패턴의 면수

작품 번호
선 종류·색, 패턴개수

*B면은 A면의 뒷쪽에
인쇄되어 있습니다.

그레이 색상으로
칠해져있는 부분은
실물크기패턴을 사용

2 실물크기 패턴을 다른 종이에 베껴 그린다

● 패턴은 다른 종이에 베껴서 사용합니다. 베끼는 방법은 두 가지 방법이 있습니다.

● 응용작품은 만드는 방법 페이지에 패턴 수정하는 방법이 기재되어 있기 때문에
   베껴 그린 패턴에서 수정하여 사용합니다.

불투명한 종이에 베끼는 경우

불투명한 종이 위에 패턴을 올려 놓습니다.
그 사이에 먹지를 끼우고 소프트룰렛으로
패턴의 선을 따라 그려줍니다.

비치는 종이에 베끼는 경우

실물크기 패턴 위에 비치는 종이(패턴지)를
올려 놓고, 철펜으로 베껴 그려줍니다.

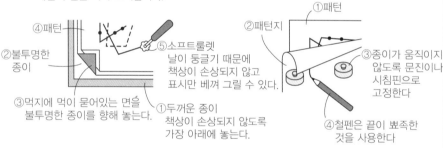

④패턴

②불투명한
종이

③먹지에 먹이 묻어있는 면을
불투명한 종이를 향해 놓는다.

⑤소프트룰렛
날이 둥글기 때문에
책상이 손상되지 않고
표시만 베껴 그릴 수 있다.

①두꺼운 종이
책상이 손상되지 않도록
가장 아래에 놓는다.

①패턴

②패턴지

③종이가 움직이지
않도록 문진이나
시침핀으로
고정한다

④철펜은 끝이 뾰족한
것을 사용한다

패턴을 베낄 때 준비물

● 패턴을 베낄 종이, 두꺼운 종이, 먹지(또는 초크페이퍼), 문진, 시침핀, 철펜, 자, 소프트룰렛

패턴을 베낄 때 주의점

● 패턴과 베낄 종이가 움직이지 않도록 문진이나 시침핀으로 고정합니다.

● [맞춤점] [단추 다는 위치] [트임 끝점] [봉합 끝점] [올 방향선] 등도 잊지 않고 베끼고,
   마지막에 패턴 각 부분의 [명칭]도 기입합니다.

3 시접을 주고 패턴을 자른다

● 패턴에는 시접이 포함되어 있지 않습니다. 만드는 방법
   페이지의 재단배치도를 확인하여 시접을 더해주세요.

● 완성선에서 평행하게 시접을 줍니다.

● 암홀(겨드랑이)둘레, 어깨, 밑단에 시접을 줄 때는
   베낄 종이의 여백을 남기고, 시접을 접어서 잘라
   시접이 부족하지 않도록 합니다.   (예)참고

● 패턴을 다 베꼈으면 각 부분이 전부 갖추어져 있는지
   확인하고, 가위로 패턴을 자릅니다.

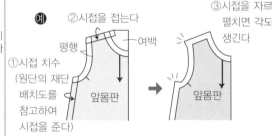

(예)

②시접을 접는다

평행

여백

①시접 치수
(원단의 재단
배치도를
참고하여
시접을
준다)

앞몸판

③시접을 자르
펼치면 각도
생긴다

앞몸판

4 패턴을 원단 위에 배치한다

● 이 책의 재단 배치도는 M사이즈를 기준으로
   기재되어 있습니다.

● 가능한 넓은 곳에서 원단을 펼치고, 재단배치도를
   참고로 원단 접는 방법, 패턴의 올 방향(식서) 등을
   주의하면서 원단 위에 패턴을 배치합니다.

5 재단한다

● 패턴이 움직이지 않도록 문진이나 시침핀으로 고정합니다.

● 재단할 때 원단을 움직이면 어긋나기 때문에 몸을 움직여가면서 재단합니다.

● 직선 패턴은 실물크기 패턴에 수록되어 있지 않기 때문에 직접 원단에
   그려 재단합니다.

가능한
넓은
곳에서!

초보자의 눈으로 개발하는
실물 패턴전문 브랜드 패턴인!

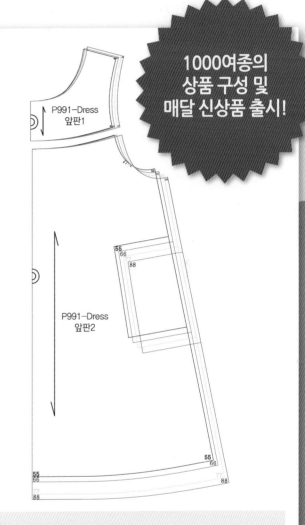

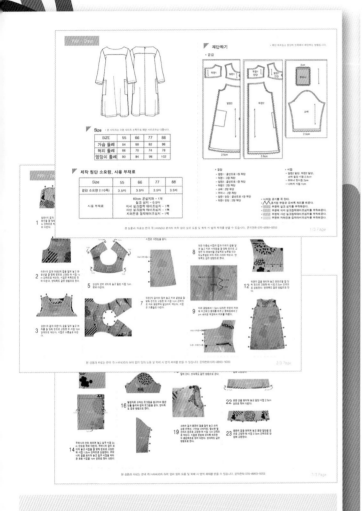

재단배치도부터 소잉 팁까지
꼼꼼한 사진 제작 설명서와 웹 제작 설명서로

쉽고 재미있게!

패턴 전문 캐드를 사용한
전 사이즈 실물 패턴과 사이즈별 컬러선으로

깔끔하고 편리하게!

아래의 구매처에서 패턴인의 모든 상품을 만나 보세요!

패션스타트
패션스타트NCC 대리점

심플소잉
심플소잉NCC 대리점

퀼트스타

천가게 / 천싸요 / 인패브릭 / 앤쏘라이프 / 인패브릭선퀼트 / 아이러브아이옷 / 원단천국 / 원단1번지

명품 스타일
리투아니아 린넨 무지

30수 린넨의 두께로 의상이나 소품, 홈패션으로도 사용하기 좋은 패브릭으로
샴브레이 원단의 색감을 내기 위하여 실 한 올 한 올 고심하여 기획 생산하였습니다.
2가지 색의 실을 교차시켜 직조하였기 때문에
빛에 따라 각도에 따라 색감이 달라지므로 오묘한 매력을 느끼실 수 있습니다.

또한 빈티지한 감성을 더하기 위해 스톤워싱 가공을 하여
고급스러운 색감과 터치감을 경험해 볼 수 있습니다.

리투아니아 린넨 무지 10종

Natural Sewing Life

Simple  Sewing

심플소잉NCC

내 삶의 즐거움과 행복을 더해주는 심플소잉NCC 대리점

경인지역
화성 동탄점 070-4190-3830, 분당 수내점 031-711-0015, 용인 죽전점 031-265-0301
수지 신봉점 031-264-3769, 부천 상동점 070-7641-0305, 수원 영통점 031-273-9411,
평택 소사벌점 031-651-7794, 일산 주엽점 031-906-6577, 이천 창전점 031-638-0251,
경기광주 오포점 031-767-6415, 수원 광교점 031-211-3885, 인천 구월점 032-233-0708,
남양주 별내점 031-572-7353

충청지역
천안 백석점 070-4078-9135, 청주 가경점 043-232-0306, 청주 율량점 043-900-3579,
충남 당진점 070-4104-9320, 대전 노은점 070-7776-5337, 천안 신방점 041-579-7275,
아산 배방점 041-532-5476, 서산 예천점 041-665-0607, 제천 중앙점 043-642-3106,
세종 나성점 070-8820-8922

경상지역
대구 범어점 053-201-0060, 부산 화명점 051-365-1591, 울산 남구점 052-271-1188,
울산 화정점 052-234-2194, 울산 성안점 052-248-8671, 창원 남양점 055-263-5662,
안동 북문점 054-852-5662, 경주 노서점 054-771-6349, 김해 내외점 055-337-5744,
양산 물금점 055-388-3636

전라지역
광주 충장점 062-225-5662, 광주 수완점 062-653-2335, 순천 장천점 061-900-9965,
목포 하당점 061-287-8155, 군산 지곡점 063-468-6338, 전주 송천점 063-278-1088,
나주 빛가람점 061-336-6055, 여수엑스포점 061-642-0427

강원, 제주지역
제주시 제주점 064-733-5151, 원주 중앙점 033-742-9884

누구나 생각하던 일반적인 '공방'이 아닙니다.

소잉에 필요한 원단, 부재료, 패턴, 서적의
다양하고 풍성한 상품구성 공간!

그동안 눈으로만 봤었던 "재봉틀(미싱)"을
샵에서 직접 만져보고 체험 할 수 있는 공간!

본사의 체계적인 관리와 교육을 마스터한
전문강사와 다양한 과정의 수준높은 소잉교육
공간!

눈으로 보고, 손으로 만져보고, 몸으로 체험하는
국내최초 신개념 소잉 복합공간, 소잉DIY 전문
멀티샵! 입니다.

심플소잉NCC 대리점은 소잉을 통한 즐거움과
행복으로 더욱 풍성해지고 가치있는 삶을
전해드립니다.

대리점 개설 상담 및 문의
(NCC미싱 사업부) 1644-5662

웹페이지
www.nccmising.com

Happy Bears
Sewing Notion

▌FROM HAPPY BEARS

직접 만들어서 더 의미있는 DIY 작품은 어떤 마음을 가지고 만드냐에 따라서 그 가치가 또 달라지는 것 같아요. 누군가를 걱정하고, 아끼고, 사랑하는 마음을 담아 완성 한다면 그 마음 까지 함께 고스란히 전해지는 것이 손으로 직접 만드는 핸드메이드 (HAND MADE)가 아닐까 생각됩니다 :-)

해피베어스 역시 소잉 DIY를 하는 모든 사람들을 위하는 마음을 담아 소잉작업에 필요한 좋은 상품(Product)을 고민하여 보다 더 멋진 작품을 완성할 수 있고, 늘 즐겁고 행복한 작업시간을 가질 수 있도록 가치있고, 실용적인 다양한 소잉 부자재를 기획하는데 노력하고 있습니다.

01 작품의 완성도와 품격을 UP↑
프라임 소잉전용실

의상, 소품, 홈패션, 미싱퀼트/자수 등 작품 구분없이 사용 가능하며 일반 원단부터 론(아사), 시폰, 수영복원단, 다이마루, 모직 등 다양한 원단을 봉제할 수 있는 멀티실입니다. 코어(CORE)사로 일반 폴리에스테르실에 비해 내구성이 Good! 파인 프라임(53수2합/얇은 원단용), 프라임(45수2합/일반 원단용), 스티치 프라임(29수3합/두꺼운 원단용) 총 3종으로 구성.

SIZE 약 바닥 3 X 높이 5cm
　　　파인 프라임/프라임(400m), 스티치 프라임(200m)
PRICE 2,400~2,600 won

02 꽃잎처럼 부드럽고 가벼운
라라실 (고급 날나리실)

다이마루, 저지, 수영복 원단 등 스판성 있는 원단을 봉제 하거나 퀼팅 작업시 밑실 전용으로 사용하기 좋고, 가장 자리 오버록 및 인터록 처리시 더욱 고급스럽게 마무리 할 수 있습니다. 보송보송 부드러운 촉감으로, 아이들 피부에도 자극이 없습니다.

SIZE 약 바닥 3 X 높이 5cm / 100D/2 / 350m
PRICE 2,500 won

03 달달한 분위기를 더해요
마시멜로 무지개실

실 한가닥에 다채로운 색상이 그러데이션 되어 있어 무척 매력적인 무지개실. 미싱퀼트, 미싱자수, 의상, 소품, 홈패션 등 다양한 작품에 사용할 수 있는 달콤한 멀티실입니다. 일반 무지개실과 달리 실 중심에 나일론사가 들어있는 코아사(코어사)로 내구성 또한 good! 총 10컬러 구성.

SIZE 약 바닥 3 X 높이 5cm / 45수 2합 / 400m
PRICE 2,500 won

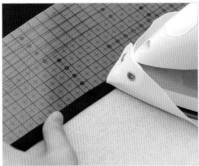

04 귀엽지만 할일은 다하는
와이즈 소잉웨이트

제도, 재단 등의 마름질 작업시 이리저리 움직이는 작업물을 고정해주는 문진입니다. 작은 손에도 쏙 들어오는 그립감과 포갤 수 있는 실용적인 디자인으로 무게감을 더해서 작업할 수 있고, 복수보관할 수 있습니다.

SIZE 바닥 약 5.5 X 높이 약 3.8cm / 무게 약 400g
PRICE 6,000 won

05 덕분에 작업시간이 줄었어요
아이론 시접자

아이론 시접자는 고열에 녹지 않는 특수 열경화성 아크릴 소재로, 직선, 곡선, 완만한 곡선, 각지거나 둥근 모서리 부분 등 거의 모든 시접 부분을 한번에 손쉽게 다릴 수 있는 스마트한 시접자입니다. 원단을 꺾어 원하는 치수에 재단선을 맞춘 다음, 꺾인 부분을 다려주세요. 2가지 사이즈 구성.

SIZE 약 20 X 10cm / 약 30 X 10cm / 두께 약 0.4mm
PRICE 9,000 / 12,000 won

06 모눈 디자인으로 더 똑똑하게!
그리드(모눈) 부직포 패턴지

흔하지 않은 핑크색 모눈 눈금으로, 선이 선명하며 1cm(굵은 실선), 5mm(십자, 점선)로 표시되어 구분하기 쉽습니다. 눈금이 있어 쉽게 면적 계산을 할 수 있고, 원단 소요량 측정이 가능하며, 깔끔하게 롤로 말려 있어서 퀼트나 의류 패턴 작업 등 다양한 작업 시 편리하고 오래 사용할 수 있습니다.

SIZE 약 폭 50cm. 총 길이 27m(2,700cm)
PRICE 26,500~71,000 won

〈상품구매처〉 패션스타트/ 패션스타트NCC 대리점/ 심플소잉/ 심플소잉NCC 대리점/ 퀼트스타/ 그외 온 · 오프라인

퀼트스타 사이트 바로가기

DIY의 모든것

퀼트스타 쇼핑몰

퀼트스타는 유와 공식 에이전시로 일본수입원단과 미국수입원단을 판매하고 있으며,
DIY 패키지, 부자재, 서적, 패턴, 미싱을 판매하고 있는 DIY전문 쇼핑몰입니다.

문의전화 : 1644-8755 [도매문의] / www.quiltstar.co.kr

DIY 패키지

자수패키지

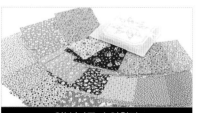

일본/미국 수입원단

부자재

서적/패턴

미싱

기본에 충실한 소잉 생활필수품

오버록 & 인터록에 관하여 최상의 봉제 퀄리티를
보여주며 뛰어난 내구성과 편의기능을 구현한
오버록 미싱입니다.

CC-5506 "쏘우쿨"

컨버터

컨버터를 장착하여 실을 2개만 장착하여도
재봉이 가능합니다.

땀 길이 조절 다이얼

1~4mm까지 자유롭게 조절 가능하며 인터록
재봉시에는 "R"로 설정하면 됩니다.

톱니 차동 이송 조절 레버

차동 이송 조절 레버는 고무줄과 셔링 잡기 작업을 도와주는 역할을
하며, 얇은 소재의 원단이나 다이마루, 기타 스판성이 있는 원단들을
오버록 처리할 때 발생하는 시임퍼커링 현상을 줄여줍니다.

검색창에 NCC미싱 ▼ 을 쳐보세요.

문의전화 1644-5662
홈페이지 www.nccmising.com